哇！物理学超有趣

cool physics

[英]莎拉·赫顿 著
[英]达米恩·维西尔 绘
阳曦 译

云南出版集团
云南美术出版社

目录

欢迎来到《嘭！物理学超有趣》

我小的时候喜欢拆东西，因为总想知道它们是怎么工作的。父母很快就发现，我有一种与生俱来的使用螺丝刀的天赋，于是他们绝不会让我单独和电器待在一起；除此以外，他们还养成了用完任何东西马上拔掉插头的习惯。后来我甚至学会了把拆散的零件重新拼回去！随着年龄的增长，我不再用拆解的方式来研究电器，转而开始学习物理学，因为这门学科可以回答我的很多问题。

物理学是理解世界的一把钥匙——包括我们周围的世界、我们身体里的世界和超越于我们之上的那个世界。它是最基础的一门学科。物理学包罗万象，最宏大的宇宙和最渺小的亚原子粒子都是物理学的研究对象。

相对论和大统一理论等物理概念挑战着我们的想象力，计算机和激光等基于物理学的伟大发明又催生了改变生活的新技术——从辅助关节愈合到治疗癌症，再到发展可持续的能源解决方案。

今天，我仍热爱学习物理，但主要致力于通过讲座、工作坊甚至这本书来帮助其他人进一步理解这门学科。这本小书将带领你认识那些著名的物理学家，了解粒子物理、天文学和热力学知识。它当然没法完整地介绍物理学的方方面面——要达到这个目标可能需要上千本书！但我希望它能激励你进一步了解这门学科，也许有一天，你甚至能继续向前，发现主宰世界运行的新理论。

生活中没有什么可怕的东西，只有需要理解的东西。

——玛丽·居里

物理学大事记

几千年来，物理学领域的发现层出不穷，有的发现甚至比物理学本身还要古老——要知道，很久很久以前，物理学曾和化学、数学一起被笼统地归类为“自然科学”。下面我们将介绍物理学发展历程上重要的里程碑，以及铸就这门学科今日面貌的重大成就。

公元前 3 世纪　阿利斯塔克提出了以太阳为中心的太阳系模型

公元前 150 年　塞琉西亚的西留库斯发现月亮会引起潮汐

公元 150 年　托勒密提出了以地球为中心的太阳系模型

1054 年　中国和美洲土著天文学家观察到了蟹状星云超新星爆发

1100 年　人类第一次将天然磁石制成罗盘

1572 年　第谷 · 布拉赫观察到了仙后座超新星爆发

1613 年　伽利略 · 伽利雷利用太阳黑子演示了太阳的自转

1619 年　约翰尼斯 · 开普勒完成行星运动三定律

1665 年　艾萨克 · 牛顿发明微积分

1678 年　克里斯蒂安 · 惠更斯提出波前原理，即惠更斯 - 菲涅耳原理

1752 年　本杰明 · 富兰克林证明了闪电也是一种电

1783 年　约翰 · 米歇尔首次提出了黑洞的概念

1798 年　亨利 · 卡文迪许测量了重力常数，并确定了地球的重量

1801 年　托马斯 · 杨演示了光作为波的特性和光的干涉原理

1821 年　迈克尔 · 法拉第制造了一台电动机

1827 年　罗伯特 · 布朗发现布朗运动

1831 年　法拉第发现电磁感应

1848 年　开尔文勋爵发现了温度的绝对零点

1850 年　斐索和傅科测量了水中的光速，并发现水里的光速小于空气中的光速；这一发现支持了光的波动模型

1897 年　J. J. 汤姆逊发现电子

1898 年　玛丽 · 居里创造了“放射性”这个词

1905 年　阿尔伯特 · 爱因斯坦完成狭义相对论

1911 年　欧内斯特 · 卢瑟福发现原子核的形状

1913 年　尼尔斯 · 玻尔提出了原子的第一个量子模型

1915 年　阿尔伯特 · 爱因斯坦完成广义相对论

1927 年　沃纳 · 海森堡提出量子力学的不确定性原理

1965 年　阿诺 · 彭齐亚斯和罗伯特 · 威尔逊发现宇宙微波背景辐射

1967 年　约瑟琳 · 贝尔 · 伯奈尔发现第一颗脉冲星

1998 年　科学家发现宇宙正在加速膨胀

2012 年　CERN（欧洲核子研究组织）发现希格斯玻色子

2016 年　LIGO（激光干涉引力波天文台）小组发现了源自黑洞合并的引力波

我发现了！

大约在公元前 287 年，一个名叫阿基米德的家伙在西西里岛的叙拉古城出生了。他是一位数学家、发明家、工程师、哲学家、天文学家。

国王的智多星

有一天，西西里的国王请阿基米德去帮他解决一个难题：他想知道金匠有没有欺骗自己。

国王交给了金匠一些金子，让他打造一个纯金的王冠。王冠做好以后，国王却怀疑金匠用一部分银子偷换掉了他给的金子。于是国王请阿基米德来调查这件事，但他又提出了一个限制条件——阿基米德不能损坏王冠。

物理走进生活！

现在，利用排开的水来测量物体体积的方法被称为“阿基米德定律”。下次洗澡的时候，你可以实地观察一下阿基米德定律；谁知道呢，没准你也能想出一个天才的主意！

密度

阿基米德需要检验王冠的密度是否等于纯金的密度。密度等于物体的质量除以体积。金子的密度比银大，所以王冠里如果真的掺了银，那么它的密度应该小于纯金。阿基米德只需要测量王冠的质量和体积，就能算出它的密度。不过问题就出在这里：测量王冠的体积并不容易，因为它的形状很不规则，无法像球体或立方体一样方便地计算体积。

这个问题一直困扰着阿基米德，直到某一天，他在洗澡时注意到，当他坐进浴缸里的时候，浴缸里的水位会上升甚至溢出。身体浸入水中的部分越大，浴缸里溢出来的水就越多，于是他意识到，溢出的水的体积正好等于他浸入浴缸的那部分身体的体积。据说这个发现让阿基米德激动不已，他一下子就从浴缸里跳了出来，赤身裸体地跑到大街上，嘴里高喊着：“我发现了！”阿基米德为国王的问题找到了解决方案——让王冠泡个澡！他只要把王冠浸入水中，看看它排开了多少水，就能由此测量出王冠的体积，进而算出它的密度。阿基米德回到国王身边做了这个实验，结果发现金匠果然欺骗了国王！

把世界装进火柴盒

如果要创造一个我们生活的世界，你准备从哪儿开始？

你需要创造出人类、房屋、山脉和其他无数东西。不过只要有几种不同的原子，这件工作就会变得简单很多。你可以用原子搭建任何东西——无论是你能想到的还是想不到的。原子就像小得看不见的一块块积木，我们周围的所有东西都是用它搭建起来的。

物理走进生活！

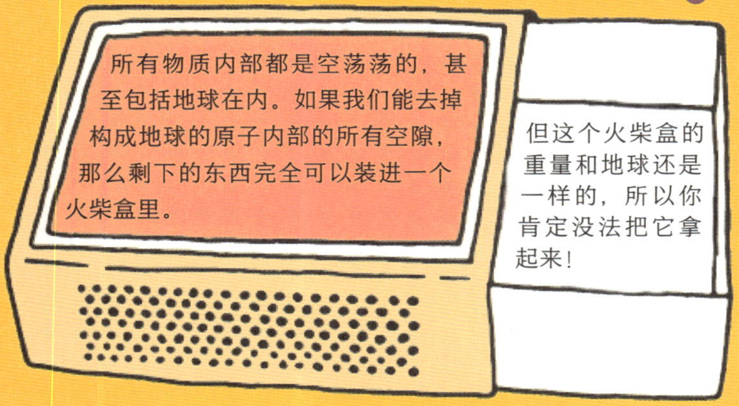

什么是原子？

拆开任何一件物品，你都会发现里面有更小的东西。飞机和汽车里面有发动机，水果里有果仁，人的身体里有脑子，毛绒泰迪熊的肚子里有软绵绵的填充物。继续往下拆的话，你会发现我们周围的所有东西都由各种各样的原子组成。

比如说，生物主要由碳原子、氢原子和氧原子组成。科学家们已经发现了一百多种化学元素，这只是其中三种。从本质上说，利用各种元素的原子，我们可以拼出任何你想得到的东西，就像拼乐高积木一样。

原子是化学元素的最小单位量——黄金拆到尽头就是金原子，要是再往下拆，它就不再是你所熟悉的金子。原子真的很小：它的直径大约只有头发丝的十万分之一。

原子结构

很久很久以前，人们曾经认为原子是世界上最小的东西。事实上，“原子”这个词的英语“atom”就源自希腊语单词“atomos”，意思是“不可分割”。但现在我们发现这个想法不对，原子还可以拆成更小的东西，我们叫它“亚原子粒子”。质子、中子和电子都是亚原子粒子。

最简单的原子结构是这样的：质子和中子紧紧地挤在一起形成原子核，原子核位于原子中央，外层电子围绕原子核运动。这张图让我们直观地看到了原子如何运行、如何与其他原子互动，但要注意的是，图中亚原子粒子的大小比例和现实中的完全不同。

我们不妨把原子想象成一个露天足球场，那么原子核的大小差不多相当于场地中央的一个板球，而电子就像周围看台上嗡嗡飞舞的苍蝇。除此以外，这片足球场里什么都没有。你的身体——和周围所有的东西——其实主要由空旷的空间组成。

宇宙中密度最大的地方

你已经知道了原子里面大部分地方都是空的，如果能去掉这些空间，那么整个地球都能塞进一个火柴盒里。那么我们能不能用这种方式来压缩恒星呢？

浴火重生的恒星

质量相当于太阳 4~8 倍的恒星发生超新星爆发时，它的外层会在极短的时间内上演一场辉煌的告别，最后只留下一个致密的小核，而且这个小核还会继续坍缩。自身的重力紧紧压迫着这些材料，质子和电子融合形成中子，所以这样的天体被称为“中子星”。

这个过程能将直径 10 亿千米的恒星压缩成直径仅有 20 千米的超致密球体！这么狠地“压榨”恒星会造成一些十分奇怪的结果。比如说，中子星的引力大约是普通天体的 10 亿倍，所以它会产生一种名叫“引力透镜”的效应——极度致密的中子星会扭曲空间，弯折从它附近经过的光线，就像一面巨大的放大镜一样。恒星坍缩时释放的能量会让新生成的天体开始自转，中子星自转的速度起初很快，后来会变得越来越慢。自转速度最慢的（也是最古老的）中子星一秒才会自转一圈；而我们已知的速度最快的中子星一秒能转 700 圈！

如果某颗中子星从属于一个双星系统（两颗恒星互相围绕对方旋转的星系），当它发生超新星爆发以后，另一颗恒星仍安然无恙，那就会发生更有趣的事情。如果第二颗恒星的质量小于我们的太阳，那么在中子星的吸引下，这颗伴星的一部分质量会向外散逸到“洛希瓣”里，这个类似气球云状结构的临界等位面会绕着中子星旋转。如果伴星的质量在太阳的 1~10 倍之间，它也会发生类似的质量转移，但转移的过程会变得更不稳定，持续时间也更短。要是伴星质量大于太阳的 10 倍，那么它的质量会以恒星风的形式向外散逸。恒星物质沿着中子星磁极的方向流动，它在受热时会释放出脉动的 X 射线。

哟——呼！
物理
走进生活！
脉冲星是最出名的
一种中子星，它会以接
近光速的速度向外喷射物
质。这些物质束在经过地球时
会像灯塔一样闪烁——你不妨把
脉冲星想象成一个举着手电筒坐
在转椅上旋转的孩子！

著名物理学家 I

艾萨克·牛顿爵士（1643—1727）

艾萨克·牛顿爵士的名字将反复出现在这本书里，因为他在重力、运动、光学等领域都做出了开创性的工作，除此以外，他还为数学做出了革命性的贡献。但牛顿的家人从来没指望过他会进入学术领域，只希望他能当个合格的农民。牛顿上大学的时候最开始念的是法律。虽然牛顿获得了许多杰出的成就，但他却不太愿意接受批评，而且他经常利用自己皇家学会会长的身份打压那些在学术上和他有分歧的人，故意埋没他们的工作。

阿尔伯特·爱因斯坦（1879—1955）

阿尔伯特·爱因斯坦是一位德国物理学家，他提出的相对论和质能方程 $E=mc^2$ 彻底改变了物理学的面貌。虽然爱因斯坦在学校里的数学和科学成绩很不错，但他却不喜欢上学，反倒更愿意自学。虽然相对论是他最出名的发现，但真正为爱因斯坦赢得诺贝尔物理学奖的却是他对光电效应的阐释。

作为一个犹太人，爱因斯坦被纳粹盯上后只得离开德国。1940 年，他移居美国，成为一位美国公民。很多人认为爱因斯坦是 20 世纪最具影响力的物理学家。1999 年，《时代周刊》甚至为他献上了“世纪伟人”的尊称。

我……是原子的宇宙，
亦如宇宙中的一粒原子。

物理走进生活

艾萨克 · 牛顿爵士还当过皇家铸币厂的监督员，他非常认真地履行了自己的职责，重整了国内的货币秩序，打击了贪污腐败。

早知道有今天，我还不如当个锁匠。

理查德 • 费曼（1918—1988）

理查德 · 费曼是一位美国理论物理学家，他不仅为粒子物理学开辟了一条全新的道路，还是一位杰出的教师，获得过多项教学大奖。除此以外，费曼还喜欢敲邦戈鼓！

攻读博士学位期间，费曼经常去听生物学的前沿讲座，因为他喜欢这门学科，而且他认为学习物理并不意味着他就不能去钻研其他学科。在费曼的整个学术生涯中，他一直很喜欢教学，他出版的很多书籍都是由课程讲义演化而来的。

第二次世界大战期间，费曼加入曼哈顿计划，参与了原子弹的研发。他是理论部门的负责人，也承担过测试现场的安全工作。

失序的混沌

科学家刚开始研究热力学的时候，他们研究的实际上是热，或者换个词来说，热能。热无所不能：它会从一个区域转移到另一个区域，也能激发原子，甚至还能增加能量。如果你增加了某个系统的热量，那么你实际上增加的是该系统内的能量。现在你应该明白了，热力学研究的其实是能量在系统之间的流动，所以它根本没有听起来那么唬人！

热原子

能量总在不停地流动，但是你得记住，这一切都发生在微观层面上，原子和分子是传递微量能量的载体。能量之所以会从某个区域流动到另一个区域，是因为数百万原子和分子正在协同工作。数百万份微量能量汇合在一起，形成了遍布整个星球的能量流。

温差会促使热量流动。要是两个地方的温度完全相同，那么能量流就不会出现；但要是两地温度不同，能量就会开始流动。高温区域的能量会流向低温区域，宇宙中到处都在发生这样的能量流动，热是它唯一的表现形式。

能量越多，熵值越高

能量会改变分子的自由度，这是热力学领域的另一个重要概念。比如说，要是你改变了某个系统的物态（固态、液态或气态），那么该系统内原子和分子的排列以及运动自由度也会相应地发生变化。这种自由度（或者说随机度、无序度）的增加被称为“熵”。

原子运动得更快，活跃度也更高。随着时间的流逝，各个区域的熵会遵循热力学定律不断增长，这意味着（在显微层面上）所有事物的随机度和混沌度都会随时间的流逝而增加，无论它们最初是多么的井井有条。

实验

黏糊糊的电路

你有没有想过，除了捏东西以外，橡皮泥还有什么别的玩法？通过下面这个有趣的实验，你可以给橡皮泥通电，真正点亮你的杰作。

你需要

- 橡皮泥（如果你的橡皮泥是自制的，请务必加入足够的盐）
- 模型用黏土
- 各种颜色的 LED（发光二极管）灯珠
- 接好了红黑电线的电池组或两枚锂离子手表电池（CR2032 或类似型号）

你甚至可以试着亲手制作黏糊糊的动物。你知道眼睛会发光的狮子该怎么做吗？

怎么做

1. 把橡皮泥滚成两根长条。

2. 如果你用的是电池组，请把两根电线分别接在一根长条上。如果你用的是手表电池，请把两枚电池叠起来，带有“+”标志的那面朝上；然后把叠好的电池翻转 90 度，将两条橡皮泥的一端分别粘贴到电池的两极上。

3. 用一小块模型黏土将两条橡皮泥的另一端连接起来，形成一个闭环。

4. 在模型黏土上放置一枚 LED 灯珠，请务必将灯珠的金属灯脚插入橡皮泥内部，确保较长的灯脚与电池组的红线或锂电池的“+”面相连。

这是怎么回事

橡皮泥里的盐增加了它的导电性，所以电流可以通过橡皮泥。模型黏土不导电，所以它就像一道屏障，迫使电流流经 LED 灯珠。

现在你第一次捏出了黏糊糊的电路！你制作的是一个串联电路，电路中的所有东西都处于一个闭环内，电只能在这条回路里沿一个方向流动。除了串联电路以外，还有一种并联电路，这种回路里的电可以分成几股，流过不同的分支。现在你可以试着构建另一种电路，看看最多能点亮多少枚 LED 灯珠。

麦克斯韦妖

1871 年，苏格兰物理学家詹姆斯 • 克拉克 • 麦克斯韦提出了一个思想实验。

一道隔墙分开了两间充满气体的舱室，一个手握球拍的小妖精坐在墙上的一个洞里。不断有气体分子撞向这个小妖精，妖精会将一部分分子放到隔墙的另一边，再挥动球拍把另一部分分子打回去，具体取决于气体分子的运动速度。这个游戏不断地进行下去，最终运动速度高于平均数的所有气体分子都会集中到某一个隔间里，速度低于平均数的分子则留在另一个隔间内。

这意味着妖精能将灼热的高压气体和冰冷的低压气体分配到不同的隔间里。虽然这样的操作并未违反能量守恒定律，因为整个容器内的总能量不变，但系统内热量的分布的确发生了变化。现在，我们可以随心所欲地利用系统内的能量——比如说利用高温气体来驱动引擎。

不可能的任务

在这个思想实验中，麦克斯韦的小妖精会降低系统的熵值。换句话说，由于这只小妖精越来越了解所有分子的运动状态，所以系统内的可用能量出现了增长。
但这违反了热力学定律。根据热力学第二定律，熵值只会增加不会减少；或者更准确地说，如果某地的熵值有所减少，那么必定有另一个地方的熵值出现了增长，其增长量至少不小于前一个地方减少的量。

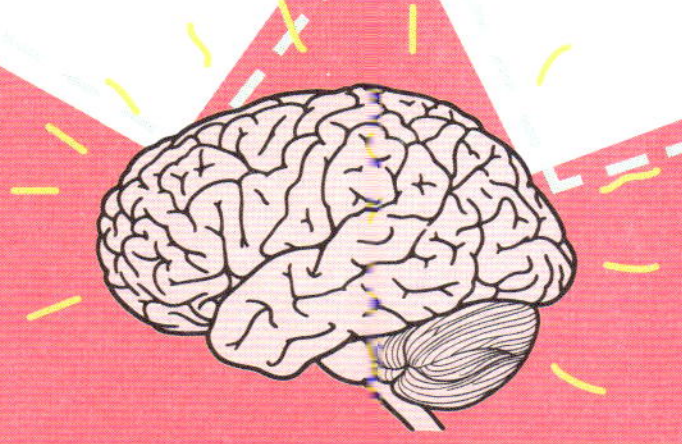

物理走进生活！

现实版本的麦克斯韦妖真的存在于生物体内，比如说神经系统里的离子通道和离子泵，这些“妖精”甚至主宰着我们的意识。不过现在，这些分子层面的小“装置”已经不再是生物独有的专利，它们正在成为新兴的纳米科技领域最热门的研究课题。

所以它真能实现吗？

呃，就算真有什么“妖精”能完成实验中描述的任务，它也不可能通过心灵感应来接收指令。要获得关于外部世界的信息，它必然与外界产生实质性的互动。在分配气体分子的过程中，它必须记住每个分子的状态；长此以往，妖精“脑子”里的存储空间必然耗尽，要继续工作，它只能删除一部分原来存储的信息。从热力学的角度来说，“删除信息”是一个不可逆的过程，它会增加系统的熵值。所以麦克斯韦妖实际上揭示了热力学和信息论之间的深刻关系，直到今天，科学家仍在研究这方面的课题。

有升必有降

说起引力，大家想必都很熟悉：正是这种力将所有事物束缚在地面上。但它的定义到底是什么呢？引力，或者说万有引力，它指的是具有质量的物体之间相互吸引的一种力。质量越大的物体产生的引力越大，所以地球的引力会将你牢牢地束缚在地面上，但街上的行人却不会对你产生太大的引力。距离也会影响引力，你离物体越近，你们之间的引力就越强。

创造世界

在我们的日常生活中，引力是非常重要的一种力。要是没有引力，地球的旋转会把我们全都甩飞出去。在太空中，引力也是最重要的一种力。地球之所以会绕着太阳公转，正是因为太阳与地球之间存在引力。有了引力，星系才能凝聚成形，大爆炸之后，最初的原子、分子和恒星也是引力创造出来的。

谁发现了引力？

第一个被重物砸到脚指头的人肯定知道这背后有某种玄机，但艾萨克 · 牛顿爵士才是第一个以数学形式描述引力的人。这套理论被称为“牛顿万有引力定律”，它解释了质量、距离与引力之间的关系。后来，阿尔伯特 · 爱因斯坦提出的相对论又补充了牛顿的理论，他描述了引力如何影响量子世界。

物理走进生活！

地球上的潮汐现象就是月亮与地球之间的万有引力造成的。在月球引力的影响下，海水会朝着月亮的方向升起；随着地球的转动，涨潮的地点也会不断变化，潮水的高点始终位于月球的正下方。

自由坠落

重量是引力作用于物体而产生的。比如说，我们在地球上的重量等于地球对我们的引力，也就是指向地球表面的拉力。有趣的是，不同重量的物体坠向地球表面的速度完全相同。如果你将两个不同重量但其他特性完全相同的球带到一幢大楼的楼顶，然后把它们扔下去，两个球会同时着地。除了引力以外，空气阻力是影响物体坠落速度的唯一因素，决定空气阻力的是物体的表面特性，而非重量。实际上，所有物体自由坠落时的加速度完全相同，我们称之为“重力加速度”，或者“g”。地球上的重力加速度大约是 $9.8m/s^2$。

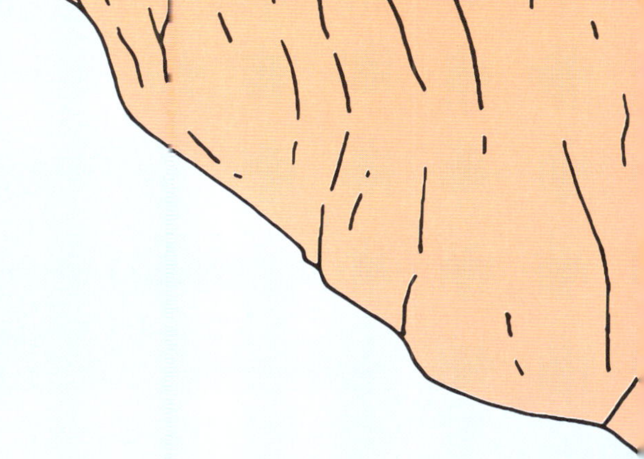

宇宙的积木

你有没有拆开过某件物品，研究它到底是用什么东西做成的？大部分情况下，你只会得到一堆零散的电子元件，或者把填充物搞得一屋子都是，但“拆解”正是物理学家研究宇宙基本组成单位的方法之一。

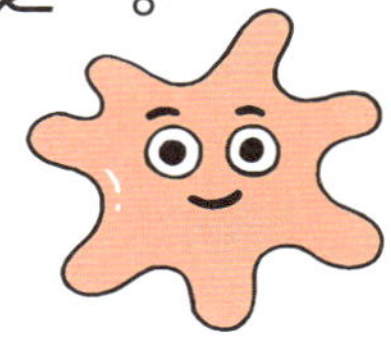

小无止境

1968 年，加州 SLAC（斯坦福直线加速器中心）的科学家用电子轰击质子和中子，结果却发现电子的表现和他们预期的不太一样，之所以会出现这种现象，唯一的解释是：质子和中子由更小的粒子组成。这些粒子名叫“夸克”，这个名字出自詹姆斯·乔伊斯的小说《芬尼根的守灵夜》。早在 1964 年，就有人提出了关于夸克的理论。

古怪的味

据我们所知，夸克总是以复合粒子的形式出现，它无法独立存在。目前我们发现，夸克有六种不同的类型，或者说六种“味”，分别是上、下、粲、奇、底和顶。1995 年，人们发现了这六种味中的最后一种：顶夸克。夸克可以组合形成一百多种不同的粒子，它们的组合形式决定了最终形成的粒子类型。比如说，质子是由两个上夸克和一个下夸克组成的，而中子则由一个上夸克和两个下夸克组成。人们相信，宇宙中的所有物质都由夸克和轻子组成。轻子的进一步介绍请见第 24 页。

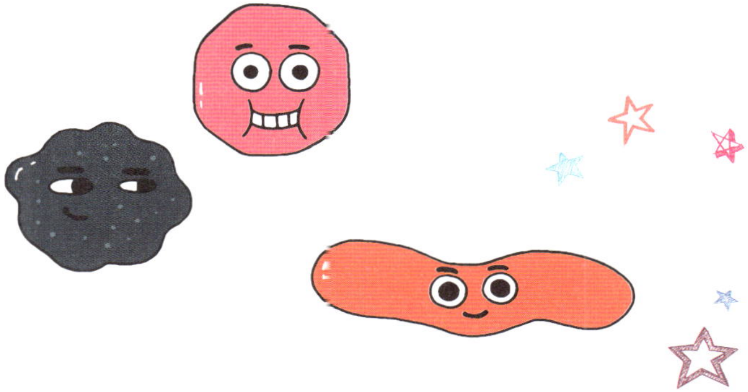

装粒子的口袋

夸克组成的粒子被称为“强子”。如果再分得细一点的话，三个夸克组成的强子——譬如质子和中子——被称为“重子”，而两个夸克（确切地说，是一个夸克和一个反夸克）组成的强子叫作“介子”。我们对夸克的性质已经有了一定的了解，但关于夸克在强子内部到底如何排布，我们仍所知甚少。袋模型是比较流行的理论之一，这个模型里的强子就像一个小袋子，里面装着夸克。袋子里的夸克可以自由运动，但所谓的强力会约束它们，不让它们跑得太远，更不会放任它们从袋子里溜出去。

下面还有吗？

在核反应中，夸克可能从一个袋子跳到另一个袋子里，导致强子的类型发生相应的变化，但夸克永远不可能独立存在于内部至少有另一个夸克的袋子外面。也就是说，你无法倒空装夸克的袋子，也不可能找到独立的夸克，所以我们也许永远都不会知道夸克到底是不是最基本的粒子。有的科学家怀疑，夸克和轻子可能也由更小的粒子组成。

可是已知的夸克和轻子到底能不能回答“宇宙由什么构成”这个问题？或者还存在其他更小的粒子？

实验

屋子里的云

户外的云朵或许意味着雨水将至（如果还没下的话），但屋子里的云却能让最无趣的一天变得无比精彩！

你需要

- 一品脱容量的玻璃杯
- 小碗
- 热水
- 冰
- 喷雾剂（例如香体喷雾）

怎么做

1. 在玻璃杯里倒入 5 厘米高的热水。
2. 晃动杯子，让热量均匀分布。
3. 将冰块放入小碗。
4. 用小碗盖住玻璃杯口。

5. 轻轻拿开小碗，朝玻璃杯喷点儿喷雾。

这是怎么回事

温暖潮湿的空气冷却下来，水蒸气凝成液滴，就会形成云朵。但液滴需要黏附在某个表面上才能成形。地球大气层中的灰尘可以为水蒸气提供凝结核，而我们实验中的凝结核则来自喷雾剂。如果没有喷雾剂，水蒸气只会凝结在碗底上，再滴回杯子里。

在那些干旱的地区，科学家正在尝试利用人造的云朵来调节天气，他们会在空气中喷洒细小的微粒，为水蒸气提供凝结核。这个过程被称为“播云”。

6 重新用小碗盖住杯口，动作要快点儿哦。

7 观察云朵在杯子里成形。

一定得试试！

试一试，不用喷雾剂你还能不能制造出云朵？喷雾剂有最佳用量吗？改变热水的温度或冰块的用量是否会影响最终的结果？

标准模型

从 20 世纪 30 年代以来，成千上万物理学家的辛勤工作帮助我们更深入地认识了物质的结构：宇宙中的所有东西都由几种最基础的“积木”搭建而成，我们称之为基本粒子。基本粒子的行为由四种基本力规范。

粒子物理学的“基本模型”阐释了所有基本粒子和三种基本力之间的关系。漫长的几十年里，科学家做了无数的实验，时至今日，基本模型已经成为物理学界一套相当完善的理论。

物质的意义

我们周围的所有物质都是由基本粒子构成的，它们是组成物质的“积木”。这些粒子分为两种基本的类型，我们称之为夸克和轻子。夸克和轻子各分为六种，六种粒子成对相关，分为三个“世代”。

最轻、最稳定的粒子组成了第一个世代，而那些更重、更不稳定的粒子属于第二和第三世代。宇宙中所有稳定的物质都由第一代的粒子组成；任何更重的粒子都会在短时间内衰变成第一代粒子。就像我们在第 20 页中解释过的夸克一样，六种轻子也分为三个世代：

1 第一代：电子和电中微子

2 第二代：μ 子和 μ 中微子

3 第三代：τ 子和 τ 中微子

电子、μ 子和 τ 子都带有一个负电荷和一定的质量，它们对应的中微子不带电，而且几乎没有质量。

力的传递

宇宙中有四种基本力，你将在第 98 页中进一步了解它们。四种基本力的强度和作用范围各不相同，其中三种都是传力粒子（玻色子）交换的结果。能量在粒子之间的传递是通过玻色子的转移来实现的。每种基本力都有一种对应的玻色子——强核力由胶子传递，电磁力由光子传递，而弱核力由 W 及 Z 玻色子传递。从理论上说，应该也存在传递引力的引力子，但目前我们仍未观察到这种粒子。

标准模型是大统一理论的一种形式，这套理论虽然能解释除了引力以外的其他三种基本力如何影响粒子，但它却无法将这些基本力统一成一种力。

未完的图画

无可否认的是，标准模型的确不能解释关于宇宙的所有问题，但在通往新物理的道路上，这套理论的确是一块很好的踏脚石，它也许能为我们带来极大的帮助。目前，日内瓦欧洲核子研究组织（CERN）的大型强子对撞机（LHC）正在进行一些新的实验，也许在不久的将来，我们就能找到那些缺失的拼图！

乘波逐浪

朝池塘里扔一块石头，涟漪会从石头的落点开始一圈圈向外扩散。同样地，两个质量巨大的物体碰撞产生的引力波也会在太空中扩散，这些看不见的涟漪会“吹皱”空间的经纬，使之拉伸，然后收缩恢复原貌。

2016 年 2 月 11 日，经过数十年的尝试，物理学家终于宣布他们探测到了引力波。这些波来自大约 10 亿光年外的另一个星系。在那个遥远的星系中，两个黑洞的碰撞撼动了时间和空间（时空）的经纬；而在我们的地球上，远道而来的引力波撼动了位于美国不同地点的两台巨型探测器。

尝试性的预测

阿尔伯特 · 爱因斯坦在广义相对论中提出过这样的预测：恒星或黑洞碰撞这样的极端激烈事件会向外辐射能量，激起时空中的涟漪。虽然这些事件堪称惊天动地，但它们激起的涟漪却十分微弱。等到这些涟漪到达地球的时候，它们对时空造成的压缩大约只有一个质子的宽度。但刚刚升级过的激光干涉引力波天文台（LIGO）依然捕捉到了这些微弱的波。

发现看不见的涟漪

LIGO 会用一面特殊的镜子将一束激光分为两道，通过这种方式来探测信号。镜子反射的两束光会分别经过一根 4 千米长的管道，这两根管道之间的角度经过科学家的精心安排。每束光都会在探测器内部的管道里来回反射 400 次，然后再回到出发点附近，重新合成一束。也就是说，重新合并之前，每束光行经的距离高达 1600 千米。

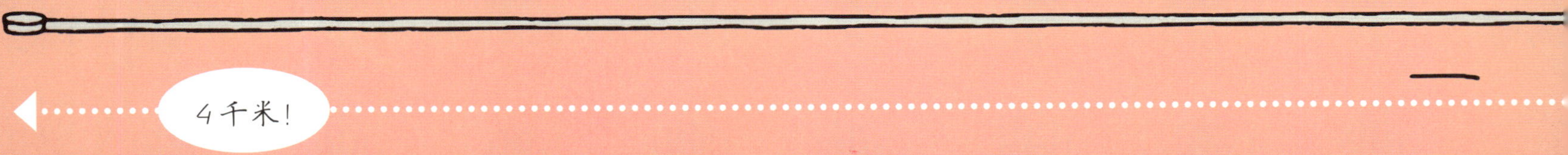

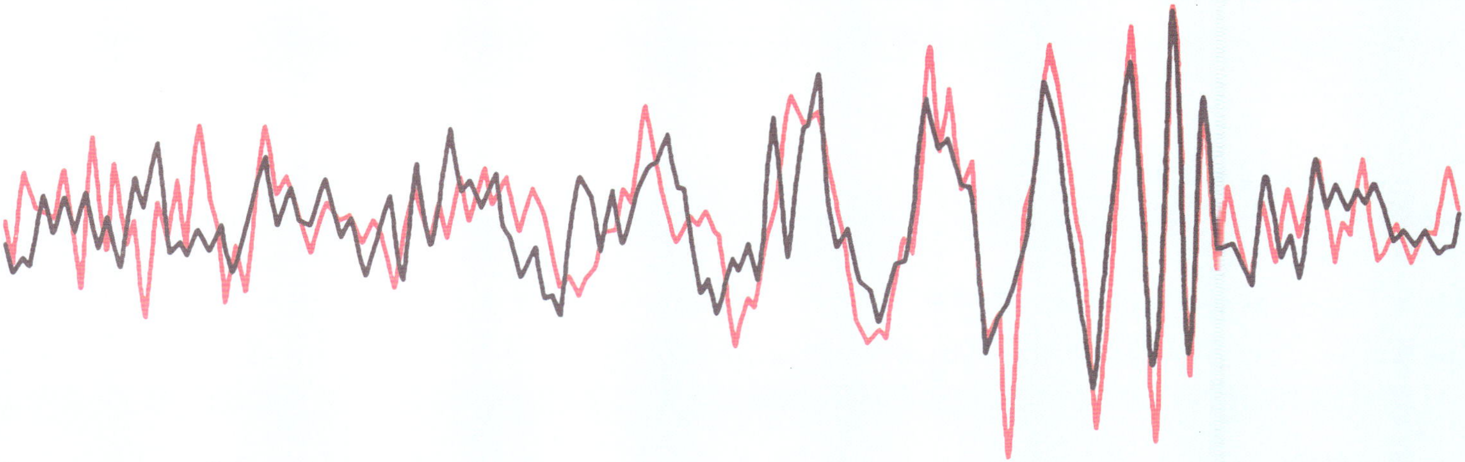

正常情况下，合并后的两束光波会互相抵消，附近的探测器不会收到任何信号。但是，如果引力波经过了运行中的装置，它就会略微拉伸一根管道，同时压缩另一根，从而改变两束光分别行经的距离。这样细微的差别足以导致两束光在重新合并时无法完美地抵消彼此，这意味着探测器将接收到一个微弱的信号，揭示出引力波的行踪。

为了避免本地的其他现象错误地触发信号（也为了帮助科学家利用三角定位法追踪信号的来源），LIGO 设置了两个探测器，其中一个位于路易斯安那州，另一个位于华盛顿州。如果某个信号只有一个探测器能接收到，那么它会被忽略不计。

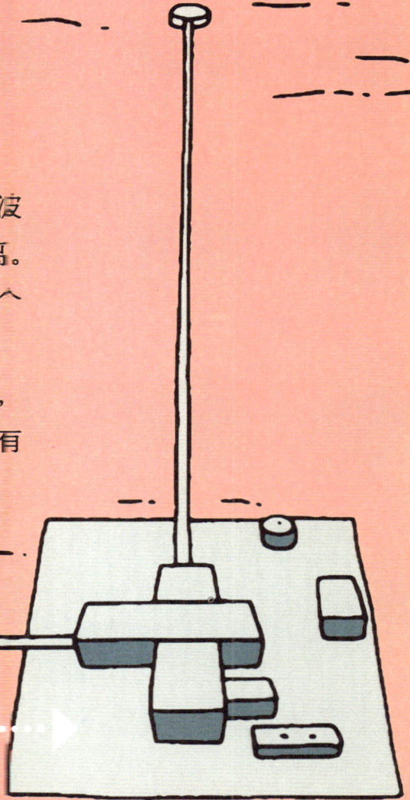

电磁波谱

无线电波、微波、红外线、可见光、紫外线、X 射线、伽马射线。这些名词你或许听说过几个，但你是否知道，它们其实都是某种形式的光波，只是携带的能量各不相同？这些射线共同组成了电磁波谱，宇宙中任何物体释放的各种形式的光都存在于这个波谱中。

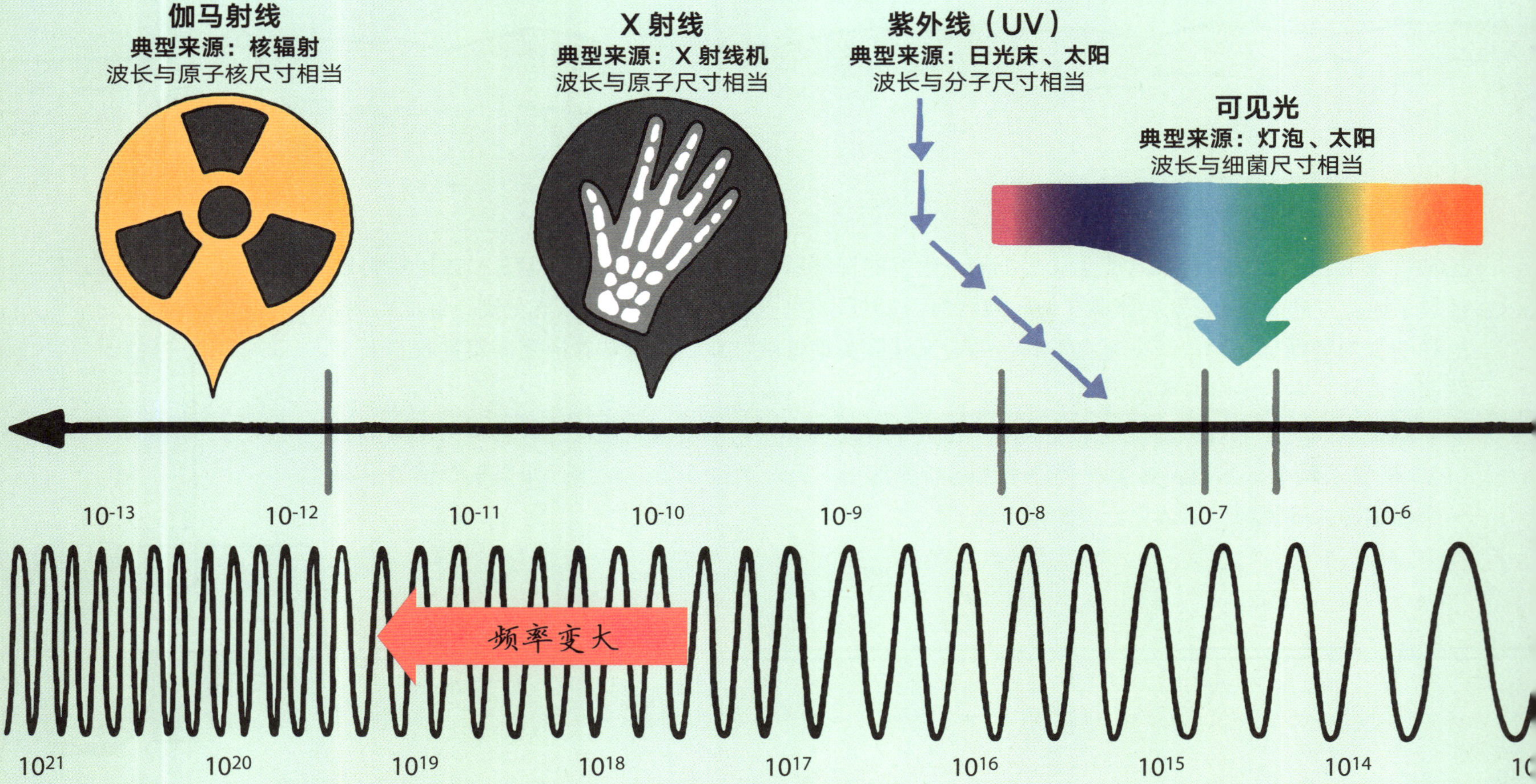

我们的肉眼只能看到可见光，但各种类型的电磁波已经渗透进了日常生活的方方面面，无论是看电视还是在医院里检查折断的骨头，我们都离不开这些射线。

波长是区分不同电磁波的重要参数，它指的是两个相邻波峰或波谷之间的距离。越长的波携带的能量越少：无线电波的波长最长，携带的能量也最少；而伽马射线的波长最短，能量最多。频率指的是一秒内通过某个点的波的数量。频率和波长紧密相关：波长越长，频率越小。

电磁波谱里的所有波都以光速传播！

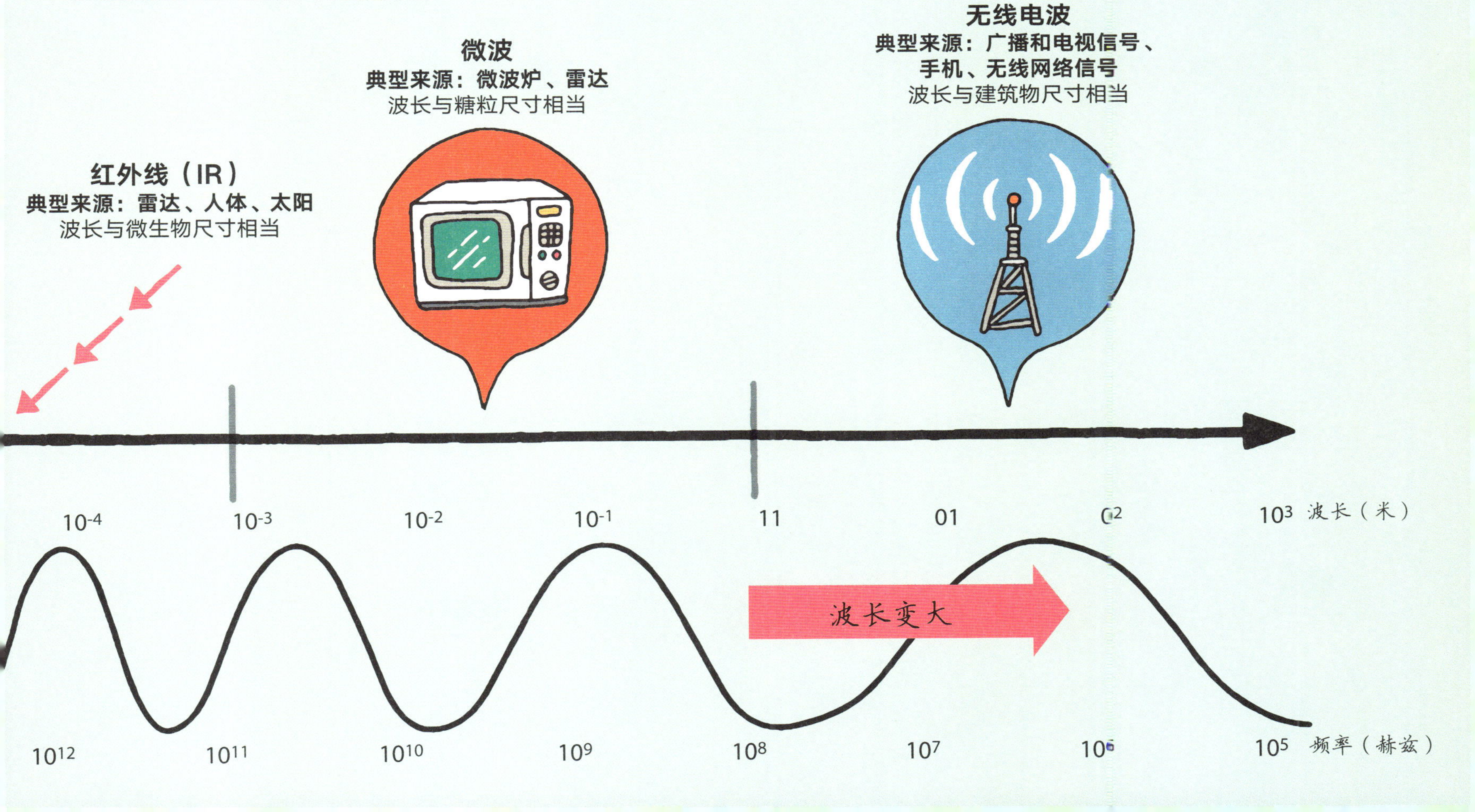

实验

瓶子里的漩涡

漩涡看起来十分迷人，但谁也不愿意被它吸进去。通过这个实验，你可以在家里舒舒服服地研究漩涡的方方面面！

你需要

- 两个2升容量的塑料瓶
- 秒表
- 防水胶带
- 一个垫圈（尺寸和瓶盖完全一致）

怎么做

1. 在一个塑料瓶里装满水。
2. 在水槽上方翻转瓶子，用秒表记录下瓶子里的水需要多少时间才能流光。
3. 重新灌满瓶子，用垫圈封住瓶口。
4. 将另一个空瓶子倒过来放在垫片上。
5. 用胶带将两个瓶子牢牢地粘在一起——封口处不能漏水，也不能漏气！
6. 准备好秒表。
7. 将两个瓶子翻转过来，空瓶满瓶在上，上方瓶子里的水着旋流进下面的瓶子。
8. 用秒表记录下瓶子里的水需要多少时间才能流光。

翻转瓶子的步骤有点难度，请务必多试几次。你有没有注意到，前后两次翻转瓶子，水向下流动的速度有所区别？哪一次更快？

一定得试试！

你可以多找几对尺寸不同的瓶子来重复实验。每次实验使用的两个瓶子尺寸必须相同，但换了瓶子以后，你是否还能观察到同样的现象？倒转瓶子的时候，你也可以尝试用不同的方式来制造漩涡。怎么做才能让水流得最快？

这是怎么回事

水在重力作用下向下流动，不过只要在最开始轻轻晃动一下，瓶子里的水就会形成漩涡；温暖空气上升的时候，寒冷的空气也同样会形成漩涡——这就是飓风的来源！

仔细观察你就会发现，打着旋的水之所以会流得更快，是因为在整个过程中，从瓶嘴到水面上方始终有一个贯穿水体的孔洞，空气可以透过这个洞进入瓶子。正常情况下，你把瓶子倒转过来，水只会“咕噜咕噜”地流下去，因为进出瓶子的水和空气必须争抢同一条通路；空气上升会导致水流变慢，反之亦然。而有了贯穿水体的孔洞，空气和水都能连续流动，互不干扰，所以漩涡能够大大地加快瓶子里的水往下流的速度。

魔镜魔镜告诉我

我们为什么能看到周围的物体，比如说一棵树、一支铅笔，或者你眼前的这本书？宇宙中的大部分物体不会发光，所以要让我们看到，它们就必须反射光线。你所在的这间屋子的墙壁不会发光，你之所以能看到它，是因为它反射了头顶的灯光或者透过窗户照进来的阳光。

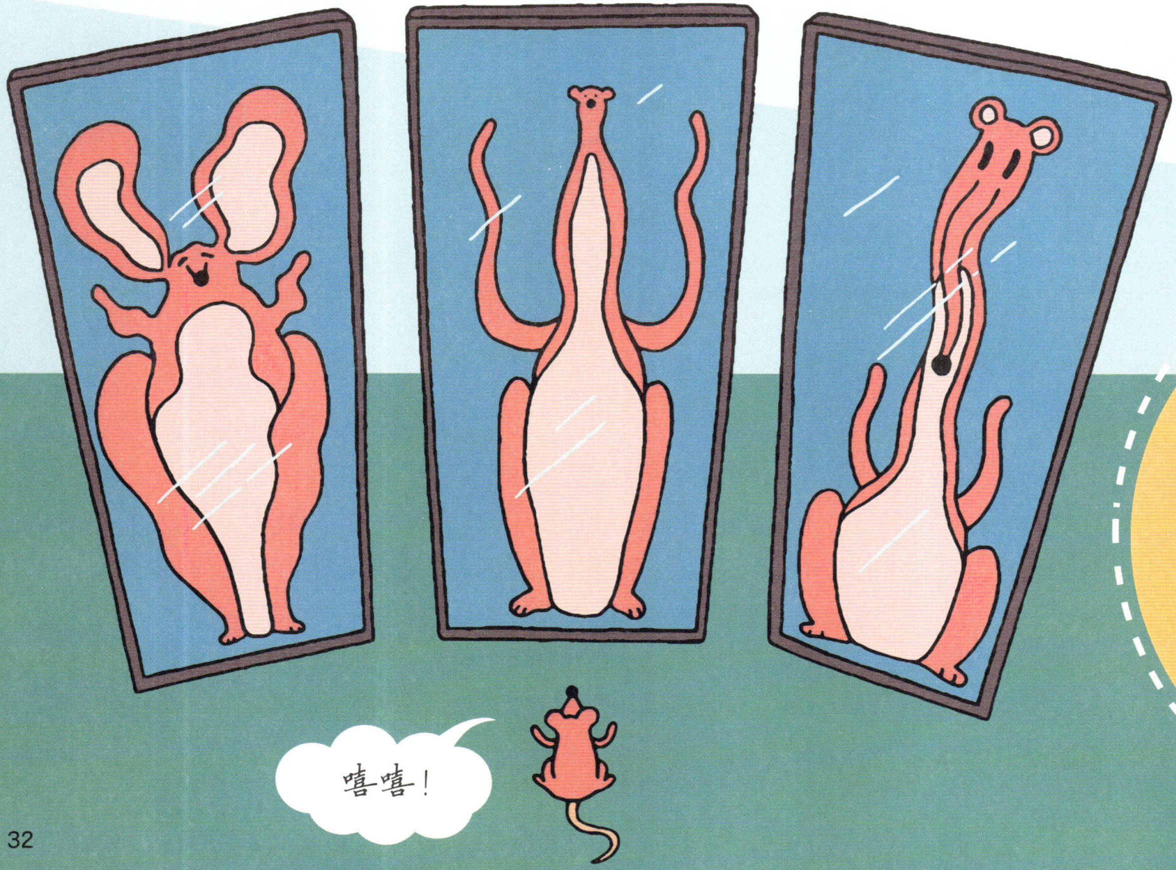

物理走进生活！

大部分动物都认不出镜子里的自己，有时候它们甚至会攻击自己的虚像；但大象、海豚、喜鹊和部分猿类却认得出镜子里的自己。另外，有的动物（例如猪）虽然认不出镜子里的自己，但它们却会利用镜子来寻找从自己的角度看不见的食物。

所有物体都会反光

抛光得很亮的金属表面反射光线的方式类似镜子的镀银层。光线照射到金属表面上就会发生反射。

反射过程永远会牵涉两束光——一束入射光和一束反射光。根据反射定律，入射光和反射光分居法线（经过光的入射点并垂直于镜面的一条虚拟直线）两侧，而且它们与法线之间的夹角完全相等。

众生平等

所有反射光都遵守反射定律，也就是说，反射角必然等于入射角。镜子能反射物体的虚像，平静的水面也同样能制造出清晰的图像。我们之所以能看到清晰的反射图像，是因为极度平坦的反射面精确地将所有入射光反射到了同一个方向。如果水面被风吹皱了，它反射出来的光线就会奔往不同的方向。请注意，这时候光的反射依然遵循反射定律，但由于反射面不够平坦，入射光照射到了反射面上的不同区域，这些小平面的朝向可能各不相同，反射光的角度自然也无法保持一致，虚像就会变得模糊起来。正是出于这个原因，某些物体看起来才会显得那么暗沉（没有光泽），乍看之下，你会觉得它们的表面相当平坦，但要是有一台强大的显微镜，你就会发现看似平坦的表面实际上坑坑洼洼，十分粗糙。

弯曲光线

光在真空中沿直线传播，但它在经过其他介质时会发生有趣的事情，尤其是光从某种介质进入另一种介质的时候。这种现象并不罕见：我们自己也经常在不同的介质之间穿行。

你有没有注意过，在水中奔跑的时候，你的速度会明显变慢？你可以在沙地上以最快的速度一路狂奔，但只要接触到海水，你的速度立刻就会慢下来。无论你多么努力地尝试，你在海水中的奔跑速度就是比在沙滩上的时候慢。这是因为水的密度大于空气，所以它带来的阻力也更大，这必然拖慢你的速度。光从真空进入水或其他致密介质的时候也会发生同样的事情：它的速度会下降，而且下降的幅度很大。速度的变化会让光线发生弯折，这个过程叫作“折射”。

这是怎么回事？

请想象一下，一辆履带坦克沿着一条小径在田野上行驶。如果脚下是一片草地，那么坦克就能畅通无阻地一路向前。但要是它不小心开进了一片泥地呢？如果这辆坦克以特定的角度进入一片泥地，那么它必然有一侧先接触到泥泞；进入泥地的履带轮开始打滑，行进的速度也比仍在草地上的轮子更慢，于是坦克的行进方向就会朝泥地偏转。等到两侧履带都进入泥地，坦克又会恢复直线行驶，只是速度比原来慢。从泥地里开出来的时候，先离开泥泞的履带轮将获得更大的摩擦力，所以它的移动速度比仍在泥地里的轮子更快，于是坦克又会偏向远离泥地的方向。等到两侧履带都离开了泥地，坦克再次恢复直线行驶。如果坦克笔直地开进泥地，两侧履带同时接触泥泞，它的行进方向就不会有任何改变，只是速度会变慢。通过这个思想实验，我们可以更好地理解光经过不同介质时的行为，弄清放进水里的物体看起来为什么是弯的。

弯折的吸管，弯折的人体

你或许早已注意到了水能弯曲光线。把一根吸管放进水杯里，你就能观察到这种现象，水面下的吸管看起来就像发生了弯折。确切地说，弯曲的具体位置不在水下，而是在水与空气相接的位置。同样的现象也出现在清澈的游泳池里，泡在水里的人们，脑袋和身子看起来就像分开了一样！

穿越豁口

你有没有观察过涌进港湾的波浪？你会发现，穿过港湾狭窄的入口以后，波浪不再沿直线传播，而是沿着港湾海岸线的方向扩散形成一系列弧线。越大的波浪弯曲得越厉害。海浪的波长和港湾豁口的宽度尺寸相当的时候，波浪弯曲得最明显。

扩散的光线

光波也会发生同样的弯曲，只是看起来可能不太明显。要观察到光的弯曲，你需要一个和光的波长尺寸相当的豁口。对于声波或水波来说，要做到这一点很简单；但光的波长只有 0.0000005 米，所以你得想办法制造一个这么小的豁口。眯起眼睛观察暗夜中的路灯，你就能观察到这种名为“衍射”的效应。在你的眼睛将闭未闭的时候，你会看到光透过睫毛之间的狭窄缝隙形成了一道道奇怪的条纹。你的眼睛眯得越厉害，光就扩散得越明显。（当然，等到你的眼睛完全闭上，这些条纹自然也就消失了。）

整齐的格栅

如果透光的缝隙不止一条，衍射还会变得更加有趣。在这种情况下，透过多条缝隙的光线会形成互相干涉的图案，光波叠加的区域变得分外明亮，而光波互相抵消的地方却漆黑一片。用于制造这一现象的设备被称为“衍射光栅”，一毫米衍射光栅上的狭缝可能只有几条，也可能有几千条。

衍射光栅是一种非常有用的工具，它能够分离原子内部运动的电子释放出来的光线。每种原子都会释放一组特定波长的光，因为原子里的电子在不停地运动；物理学家可以利用衍射光栅来研究恒星之类的物体释放的光线，判断该物体包含着哪些元素。

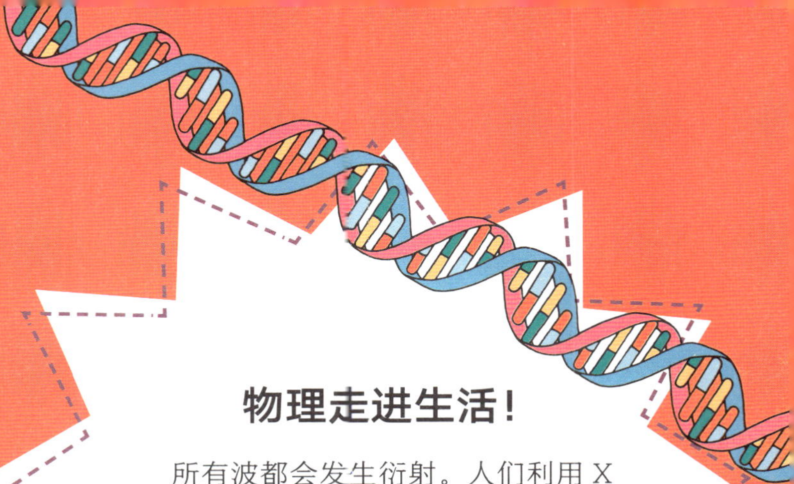

物理走进生活！

所有波都会发生衍射。人们利用 X 射线的衍射来研究物体的原子结构，尤其是 DNA 的结构！

实验

看谁化得快

冰棍是夏天的消暑利器，但要是冰棍化得太快，你很容易搞得一身狼狈！在这个实验里，你可以研究哪些因素会影响冰融化的速度，然后想办法尽量让冰棍融化得慢一点！

你需要

- 冰块
- 一个金属杯垫或托盘
- 一个软木杯垫或餐垫
- 一块秒表

怎么做

1. 在金属杯垫和软木杯垫上分别放一块冰。
2. 用秒表计时。
3. 看看两块冰融化的时间分别是多少。

这是怎么回事？

热总会从高能（高温）区域流向低能（低温）区域，但有的材料的传热性能比其他材料更强。如果某种材料的传热性能特别好，我们就说它是优秀的导热材料；传热性能差的材料则被称为“隔热材料”。导热材料和隔热材料都是日常生活中不可或缺的重要工具，在不同的场合，我们需要它们来完成不同的任务。出门的时候，为了保温，你可能会披件夹克；要是天气特别冷，你或许还会穿上羽绒服。羽绒是一种优秀的隔热材料，它会阻止你身体周围的暖空气向外散逸。暖气片则是导热材料的应用范例，因为我们希望热量尽快从暖气片里散发出去，让整个房间变得暖和起来。

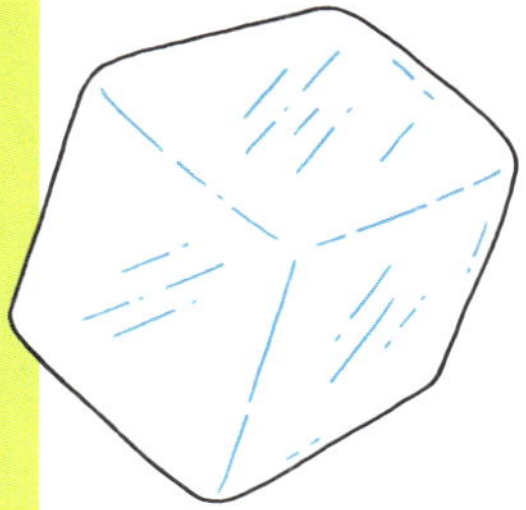

在冰块融化的过程中，你不妨摸摸它下面的垫子。你会发现，金属杯垫摸起来比软木杯垫冷得多。金属杯垫上的冰块融化的速度也比软木杯垫上的快得多，要是你把杯垫托在手心里，它还会化得更快。

你可以尽量多找几种材料来做这个实验，例如纸、羊毛、空玻璃杯、装满水的玻璃杯、你的手……哪种材料上的冰块化得最快？哪种最慢？你能找出家里的导热冠军和隔热冠军吗？

一定得试试！

放射性

周期表里的同一个元素也可能出现几个不同的变种，虽然它们都叫同一个名字。有时候这些元素拥有同样的质子数和电子数，但中子数却各不相同，科学家称之为“同位素”。

19 世纪末，科学家在某些同位素身上发现了一些出乎意料的特性。随着时间的流逝，这些同位素的原子会持续地向外发射粒子、释放射线，谁也没有预料到竟有这种事情。

科学家还发现，我们无法改变这些原子向外释放的东西，加热、通电或者施力，任何措施都是徒劳。

这样持续的发射似乎是这些物质固有的无法改变的特性，我们称之为“放射性衰变”。

不同的类型

放射性衰变分为三种：

1. α 衰变。这是最沉重的一种衰变，它会向外释放两个质子和两个中子。α 衰变释放的射线携带大量正电荷，所以它一旦接触人体，就会对人造成严重的破坏。
2. β 衰变。原子核里的一个中子变成一个质子和一个电子，我们称之为 β 衰变。电子可能被原子核俘获，然后再被释放出去。
3. γ 衰变。γ 衰变是一种高能辐射，它不会改变原子的质量和结构。

物理走进生活！

你知道吗，研究放射性的物理学、化学和生物学项目已经获得了12次以上的诺贝尔奖！

为了更大的利益

虽然放射性衰变各有各的危险之处，但它们也有很多用途。对放射性元素铀的巧妙利用引领我们走进了核能时代。医生们还发现，伽马射线能够短距离穿透活体组织，影响身体深处的组织细胞；这种射线能破坏细胞内某些重要的化学物分子内部的化学键，帮助我们治疗癌症和其他疾病。地质学家一直在研究如何利用放射性来判断岩石和化石所属的年代。利用这种方法，他们更精确地算出了山脉的年龄，进一步了解了地球上的生命如何随时间而演变。放射性研究不断加深着我们对原子特性的了解；在它的帮助下，科学家正在研究能量和物质如何相互作用，最终创造出物理宇宙中的一切。

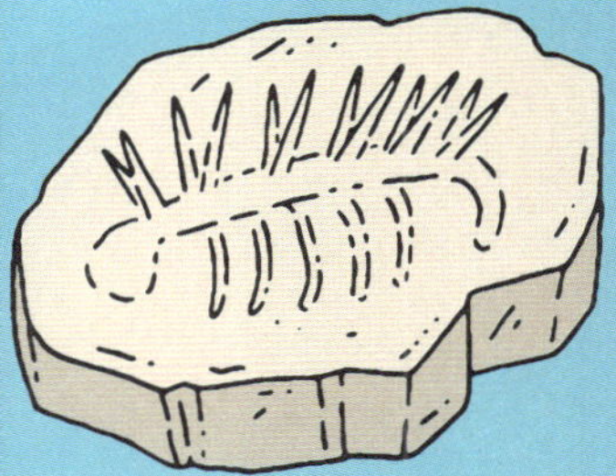

爱迪生、斯旺和灯泡

很多人认为美国发明家托马斯 • 爱迪生（1847—1931）发明了电灯泡，但事实上，对白炽灯（加热真空管中的灯丝使之发亮的灯泡）的改进贡献最大的是一位名叫约瑟夫 • 斯旺的英国发明家，他也是全世界第一个用电照亮房屋的人。

黑暗中的明灯

1800 年，英国科学家汉弗里 · 戴维发明了最早的电灯——弧光灯，但这种灯不适合大规模使用，于是约瑟夫 · 斯旺进入了我们的视野。斯旺是一位研究摄影绘画的化学家，他的业余爱好是捣鼓实用的照明灯。19 世纪 50 年代，斯旺一直在努力改进自己的设计，1860 年，他终于制造出了一种可行的设备，他也因此获得了自己的第一项专利（专利能保护发明，以免被别人窃为己有）。

1879 年，斯旺在纽卡斯尔做了一次演讲，他的电灯泡照亮了会堂的公共空间，这在全世界尚属首次。不久后斯旺设法把自己的灯泡装进了阿姆斯特朗男爵家里，这位先生是当时英国最有影响力的人之一，这个巧妙的举措让斯旺的发明进入了全球精英阶层的视野。很快斯旺就组建了自己的公司，1881 年，他的电灯泡开始公开售卖。

1881 年 12 月，斯旺的电灯照亮了萨沃伊剧院的舞台，短短几年内，萨沃伊剧院就成了全世界第一幢完全由电灯提供照明的公共建筑。

洋彼岸

与此同时，美国的托马斯 · 爱迪生正在研发自己的电灯泡，他对斯旺的发明毫不知情。爱迪生的工作比斯旺落后了大约一年，但英国人发明新灯泡的消息过了一阵子才传到美国。所以从 1880 年到 1883 年，爱迪生先是获得了电灯的专利，随后这项专利又被撤销了。为了争夺灯泡的发明权，斯旺和爱迪生对簿公堂，最终他们联合成立了爱迪生 - 斯旺公司，开始生产“爱迪斯旺”灯泡，这家公司一直维持到了 1964 年。

物理走进生活！

1882 年 11 月，萨沃伊剧场上演了吉尔伯特和沙利文的《埃欧兰斯》，这是一部童话主题的轻歌剧。斯旺的公司为扮演仙女的女演员披上了闪烁的星星灯，小小的电池藏在仙女的头发里——看起来真像童话一样！

压力之下

你有没有不小心踩到过一块乐高积木？真的很疼，对吧？这是因为你全身的重量都压在那块小积木的面积上，积木承受着巨大的压强，你的脚也疼得要命！

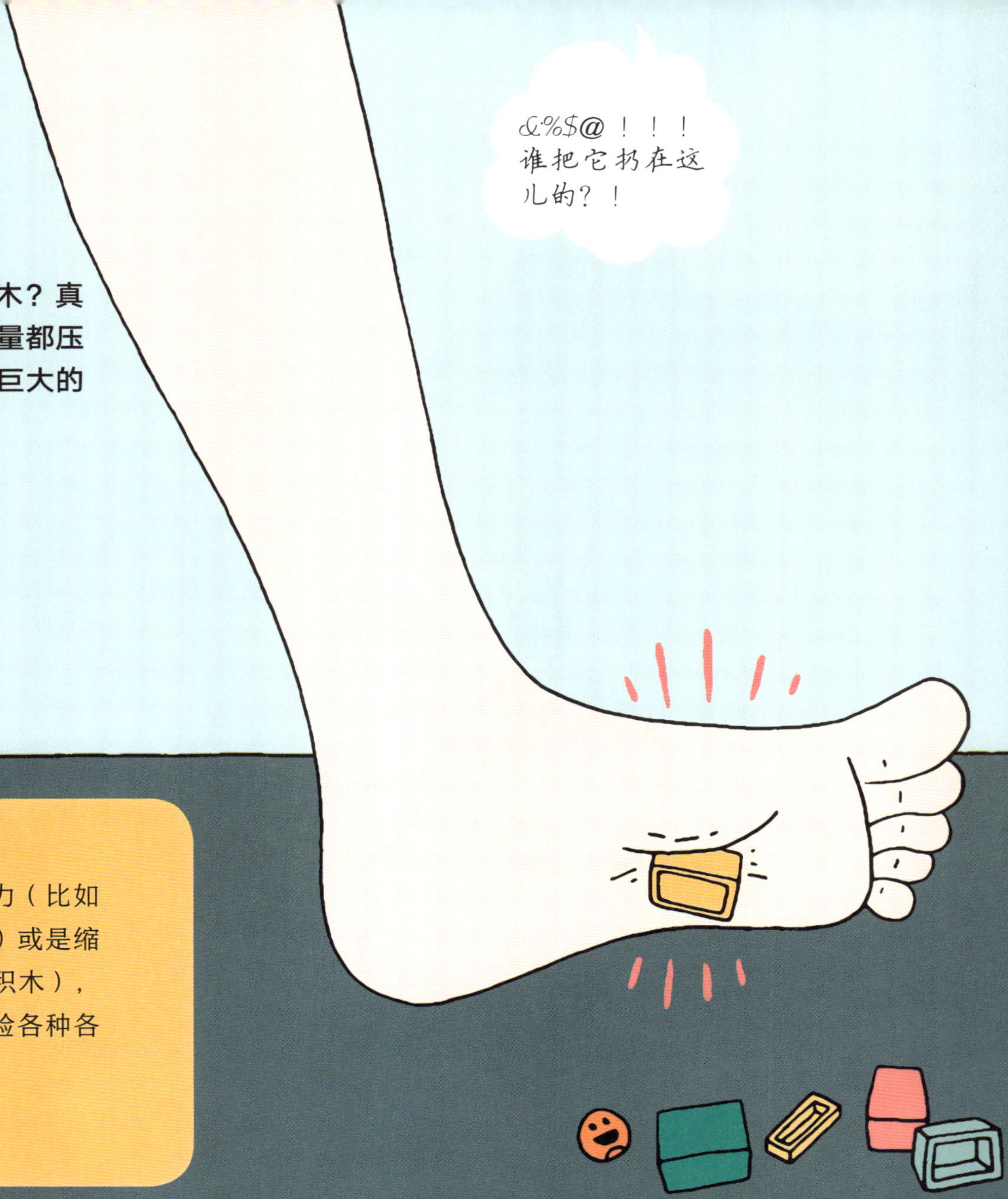

压强等于压力除以受力面积。增加压力（比如说踩到积木的是一个成年人而不是你）或是缩小受力面积（你踩到的是一块更小的积木），压强都会变大。我们时时刻刻都在体验各种各样的压力。

气压

你或许从来没有想过，空气其实很沉。地球大气层中的空气由无数微小的分子组成，它们一刻不停地撞击着你的身体，试图把你压扁、压平。通常情况下，你承受的空气压力相当于时时刻刻都有一辆小汽车压在你头上！

空气带来的压力被称为气压。地面上的气压最大，因为这里的空气分子最多。高处的空气分子比较少，所以气压也低得多。我们可以压缩（挤压）空气，用它来给汽车轮胎充气，或是驱动风钻之类的机械。第 52 页有一个关于气压的实验。

物理走进生活！

在没有专业设备辅助的情况下，人类潜水的最大深度纪录是 122 米。载人潜水器最深曾到达过海面下 10911 米处的马里亚纳海沟底部，1960 年，人类首次完成了这一壮举，当时他们使用的特制潜水器舱壁厚度差不多有 15 厘米！

水压

水在受压时的表现和空气不同。水无法压缩，所以我们可以利用它的这种特性来传递力，这样的机械被称为水力系统。水比空气重，所以水压升高对人类的影响大于气压的变化。就算佩戴着呼吸管或者其他辅助呼吸的设备，在水面下呼吸也比在空气中困难得多。头顶上的水从四面八方压迫着你的身体，你的肺需要付出更大的努力才能扩张吸入空气。下潜得越深，你头顶上的水就越多，你的身体承受的压力也越大。

静电冲击

你有没有被什么东西电过？这很可能是静电造成的。电荷积聚在物体表面，就会产生静电。静电之所以叫这个名字，是因为积聚的电荷保持静止，不会移动或流动。

静电普遍存在于我们的日常生活中，就连人体也可能产生静电！比如说，你可以用气球摩擦自己的头发，拿开气球的时候，你的头发会粘在气球上。脱毛衣也可能产生静电。闪电是静电最强大也最广为人知的表现形式，电荷在云朵中积聚，最后通过一道闪电传向地面！

无所不在的电荷

我们在前面讲过，原子由质子、中子和电子组成，质子和中子构成的原子核位于原子中央，外层电子绕着原子核旋转。两个物体表面发生接触的时候，电子从一个物体转移到另一个物体，就会产生静电荷。失去电子的物体带正电荷，得到电子的物体带负电荷。快速摩擦物体会产生大量电荷，比如说用气球快速摩擦头发或者用脚摩擦地毯。带有不同电荷（正电荷与负电荷）的物体会相互吸引，而带有相同电荷（都带正电荷或都带负电荷）的物体会互相排斥。你的头发之所以会粘在气球上，是因为快速的摩擦让正电荷积聚在你的头发上，而气球上积聚的是负电荷。由于所有头发携带的都是正电荷，所以它们会互相排斥；不过与此同时，它们也会被带负电荷的气球吸引。所以你的头发会像扇子一样散开并黏附在气球上。

有用的电荷

静电在许多工业领域都很有用。打印机和复印机会利用静电来吸引特殊的墨水，将它印到纸上。喷漆枪、空气过滤器和除尘设备也会利用静电来完成任务。

物理走进生活！

静电也会造成破坏。有的电子芯片对静电非常敏感，尤其是计算机芯片，所以工程师研发了专门的防护措施，以免芯片遭到意外的电击！

寻找希格斯玻色子

物理学家一直在试图简化宇宙，为万事万物寻找最优雅的解释，用数学构建的方程取代冗长烦琐的文字定义。物理学家根据自己的观察和经验来构建理论，解释我们周围的世界，本书收录了很多这方面的案例。但有时候这样的努力也会功亏一篑，我们就是无法解释自己看到的某些东西。

什么是质量？

近半个世纪前，彼得 · 希格斯和其他几位物理学家试图理解一个基本物理特性的起源：质量。从微观层面上说，物体的质量来自组成它的原子，而原子又由电子和夸克这样的基本粒子构成。但电子、夸克和其他基本粒子的质量又来自哪里呢？标准模型解释不了质量。物理学家最初构建基本粒子的行为模式时就发现了一个谜团：如果把“质量”这个特性从计算中去掉，就能得到非常完美的方程，但这些粒子又的确拥有质量。他们试着把质量加入计算过程，方程却变得支离破碎；虽然他们设法解决了这个问题，但最后得到的方程却十分复杂，而且前后矛盾。

希格斯场

希格斯提出了这样一个办法：不要把质量加入方程，保持方程的完美和对称；然后换个思考方式，比如说，我们不妨假设这些方程必须在一个奇特的环境中才能起效。想象一下，整个宇宙中均匀分布着一种看不见的物质——现在我们称之为“希格斯场”——希格斯场会影响所有从中经过的粒子，对它们施加一个拉力。根据希格斯的理论，如果你试图增加粒子的速度，这种拉力就会表现为阻力。在这种情况下，你会把这种阻碍加速的力解释为粒子的质量。举个例子，我们不妨试想有一块砖头放在游泳池底，如果你试图推动这块砖头，那么你感觉到的阻力会比陆地上大得多。砖头和水的相互作用实际上相当于增加了砖头的质量。浸泡在希格斯场中的粒子也同样如此。

发现希格斯粒子

大型强子对撞机（LHC）通过质子的碰撞来寻找更小的粒子。它的主要目标是找到神秘的希格斯粒子——希格斯玻色子——这台机器在建成后又升级了好几次。2012 年，LHC 的科学家宣布了一个震惊世界的消息：他们找到了希格斯粒子，彼得 · 希格斯也因此获得了 2013 年的诺贝尔奖。

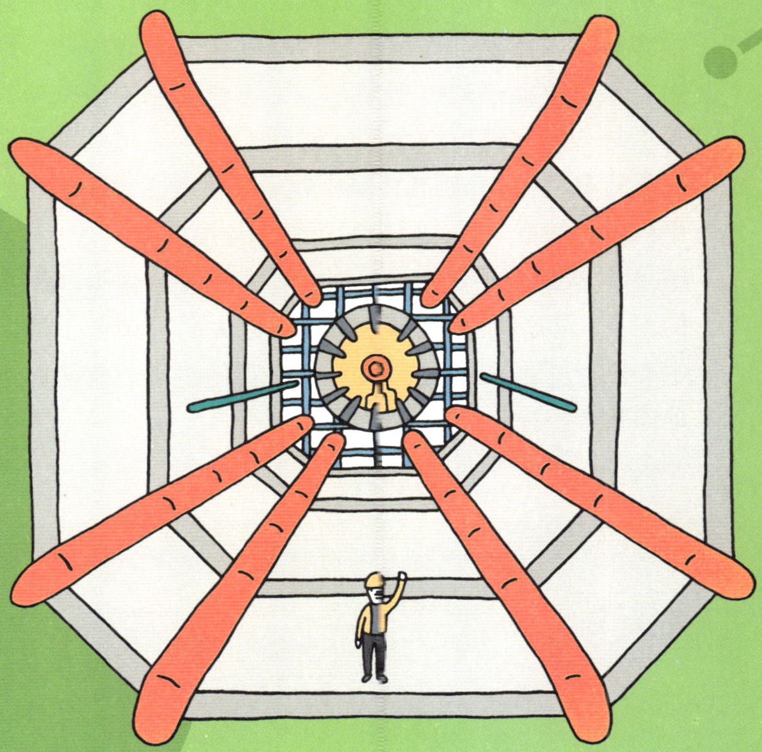

一切都是相对的

1887 年，迈克耳孙和莫雷两位科学家试图测量地球在宇宙中运行的速度，为此他们需要先测量光速。

要理解这两位科学家为什么要这样做，你不妨想象自己身处暴风雨中，狂风正在吹打你的脊背。如果你开始奔跑，雨点砸在你背上的力度就会变得轻一些，因为雨和你之间的速度差变小了。用科学家的话来说，雨相对于你的速度变小了。当然，如果你转过身来迎着暴雨奔跑，那么砸在你身上的雨点会变得更加暴烈，用科学家的话来说，雨相对于你的速度变大了。

19 世纪末的科学家认为，光的行为模式就像暴风雨中的雨点。既然地球绕着太阳旋转，太阳又绕着银河系中心旋转，那么只要测出光速的变化，我们就能算出地球和太阳在宇宙中运行的速度。

迈克耳孙和莫雷正是这样做的。最后他们却发现了一些非常奇怪的事情：

无论地球相对于太阳朝哪个方向运动，光速始终保持恒定不变。

绝对速度限制

科学家发现，光的行为模式和雨点不一样，或者说，和宇宙中的其他任何东西都不一样。无论你朝哪个方向运动，无论你运动的速度有多快，光速始终不变。这实在出乎意料，为了解释这个现象，爱因斯坦提出了狭义相对论。

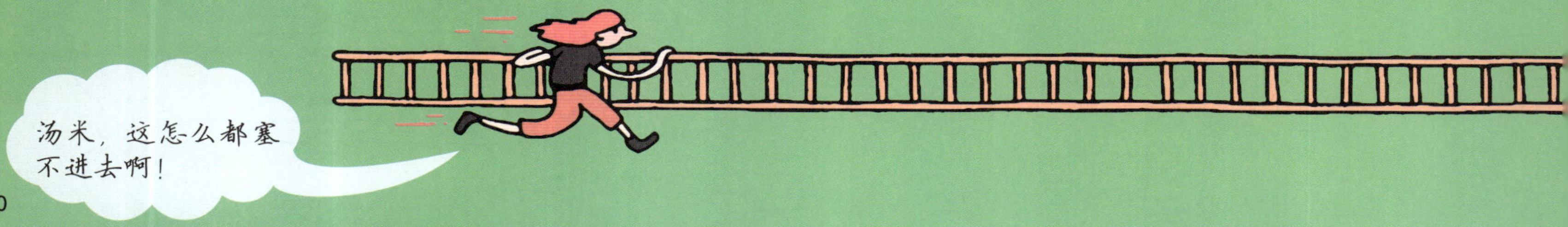

混乱的时间

爱因斯坦指出，之所以会出现这种现象，可能的解释只有一种：时间变慢了。

我们不妨回到刚才那场暴风雨中。在你奔跑的时候，雨相对于你的速度如何才能保持不变呢？呃，如果你顺风奔跑，而且你的时间变慢了，那么雨的速度看起来就像变快了一样，最终你会感觉到雨点砸在你背上的速度和刚才完全相同。科学家称之为“时间膨胀”。无论你跑得有多快，你的时间总会相应地变慢，所以你测量到的光速始终保持不变。

物理走进生活！

极快的速度也会影响长度，你会发现物体好像变短了。如果一艘 100 米长的飞船以 0.5 倍光速从你面前飞过，你会观察到它的长度变成了 87 米；要是飞船加速到 0.95 倍光速，那么它的长度就会压缩到 31 米！当然，一切都是相对的。飞船上的人会觉得自己的船一直都是 100 米长。

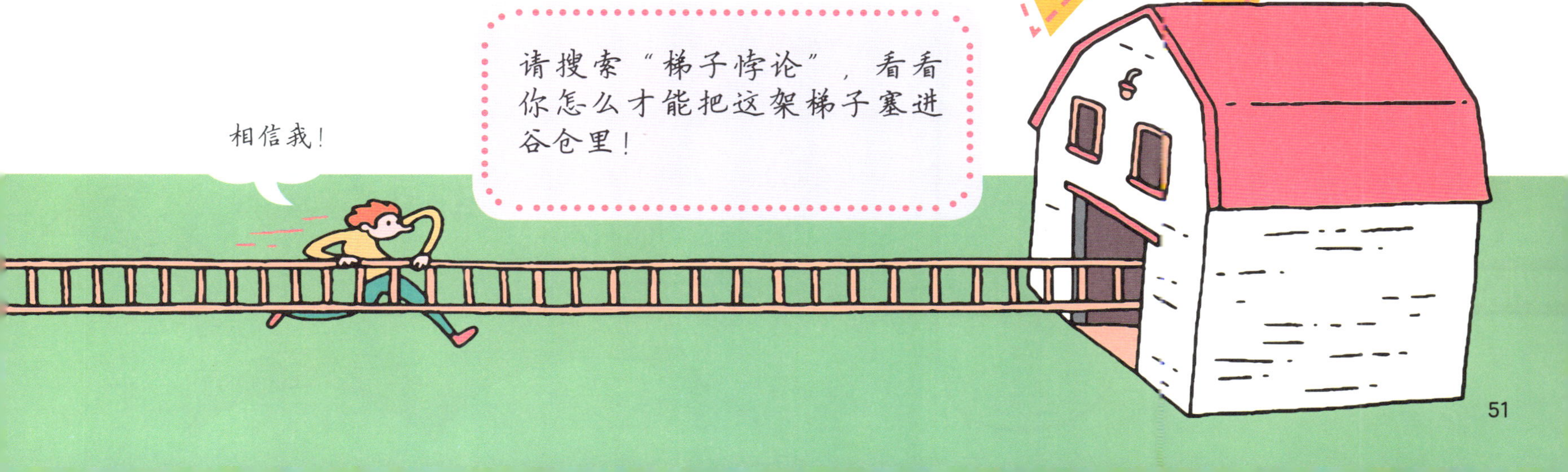

实验

坍缩的瓶子

想不想变个炫酷的科学魔术，在朋友面前好好露一手？下面这个快捷的实验将带来不可思议的结果，让你的朋友们看到物理学的力量！

你需要

- 一个水壶
- 一个2升容量的大塑料瓶
- 隔热手套
- 如果你的年龄太小，那么你可能需要成年人的帮助，因为实验需要用到热水

怎么做

1. 烧一壶水。
2. 拧开塑料瓶的盖子。
3. 水烧开以后，请小心地将一部分热水倒进瓶子里。

④ 戴上隔热手套，慢慢摇晃瓶子里的水，最后把热水倒进水槽。

这是怎么回事？

热水让瓶子里的空气获得了能量，空气分子能量增加意味着瓶子里的气压也会变大。这些额外的能量也会促使部分空气分子向外散逸。倒掉热水以后，空气微粒开始冷却。在冷却的过程中，这些分子会失去能量，运动的速度也会变慢，导致瓶子里的气压小于外部气压。由于瓶盖已经拧紧，外面的空气微粒无法进入塑料瓶，最终外面的气压会把塑料瓶压得坍缩下去，直至内外气压重新恢复平衡。

⑤ 水倒光以后立即拧紧瓶盖。

⑥ 把瓶子放回原地，仔细观察。

几分钟后，瓶子就会自己坍缩下去！

一定得试试！

换几个不同的瓶子来重复这个实验。什么样的瓶子效果最好？热水的多少或者倒水的方式会影响最终的结果吗？试试看，怎么做才能让瓶子坍缩得最快！

神射手和猴子

为了帮助自己和别人理解艰深的概念，科学家常常会用思想实验来解释自己的理论。这些实验并未真正实施，科学家只是通过口头的描述来推测最后的结果。

这个思想实验描述的是一个看似浅显却依然令人迷惑的概念：重力。

假设动物园请了一位神射手来给需要接受治疗的猴子注射镇静剂。神射手来到动物园，发现这只猴子挂在远处的一根树枝上，但他知道，只要自己扣动扳机，出于条件反射，猴子立即就会从树枝上掉下去。所以在携带镇静剂的飞镖离开枪管的瞬间，猴子会进入自由落体状态。

该怎么选

但神射手并不知道飞镖离开枪管后的运动速度——他只知道飞镖的速度很快。那么在这种情况下，他该朝哪儿瞄准？你觉得呢？

他有三个选择：

1 瞄准猴子上方

2 直接瞄准猴子

3 瞄准猴子下方

出于直觉，你可能认为神射手应该瞄准猴子下方，因为飞镖的速度很快，要是他直接瞄准猴子或者瞄准猴子上方，那么飞镖可能会擦过猴子头顶，无法命中目标。但这个答案是错的。正确答案是……

2 直接瞄准猴子

一旦飞镖离开枪管，它受到的主要的力只有一个：重力（空气阻力不足以影响飞镖的运动）。同样地，猴子松开树枝以后，影响它的也只有重力。

恒定的重力加速度会一视同仁地影响猴子和飞镖，所以飞镖运动的终点会比神射手最初瞄准的位置低一些。飞镖需要飞过一段水平距离才能到达树枝的位置，在这段时间里，猴子和飞镖在垂直方向上运动的距离完全相同，所以飞镖最终会击中猴子。

飞镖的速度根本不会影响这个实验的结果。较快的飞镖击中猴子的位置较高，慢一些的飞镖照样能击中猴子，只不过它和猴子相遇的位置离地面更近一些。两个物体因重力而产生的加速度完全相同，它们的垂直位置也始终相同，所以神射手应该直接瞄准猴子。

著名物理学家 II

玛丽·居里（1867—1934）

玛丽·居里是一位波兰裔物理学家兼化学家，她在放射性领域做出了突破性的研究。玛丽是第一位获得诺贝尔奖的女性（1903 年，玛丽和她的丈夫皮埃尔·居里及亨利·贝可勒尔因为在放射性研究领域的贡献共同获得了诺贝尔物理学奖）。她是第一位两次获得诺贝尔奖的人（也是唯一的女性），还是唯一一位获得过不同科学领域的诺贝尔奖的人——1911 年，她因为发现了钋和镭两种元素而获得了诺贝尔化学奖。

由于长期暴露在放射性环境中，玛丽·居里最终死于一种罕见的血液疾病。当时人们还没有认识到放射性物质的危险，现在，玛丽在 19 世纪 90 年代的所有手稿都因为放射性太强而不宜接触，甚至包括她的烹饪书！

物理走进生活！

居里家族获得过四个诺贝尔奖：其中玛丽获得过两个，她的丈夫皮埃尔一个，他们的长女伊雷娜·约里奥-居里还有一个。除此以外，玛丽的女婿亨利·拉布伊斯获得过诺贝尔和平奖！

莉泽 • 迈特纳
（1878—1968）

莉泽 · 迈特纳是一位奥地利裔物理学家，她在关于放射性机制的研究中做出的突破性发现帮助我们解释了核裂变过程。虽然莉泽没有得过诺贝尔奖，但她却是放射性和核物理领域最重要的科学家之一。她还是镤元素的发现者。1942 年，莉泽接到了曼哈顿计划的邀请，当局希望她参与原子弹的研发，但她拒绝了这份工作，因为她不想制造武器。1968 年，89 岁的莉泽在英国逝世，这位科学家直到八十多岁仍在发表演讲、访问大学。

约瑟琳 • 贝尔 • 伯奈尔
（1943—　）

英国天体物理学家约瑟琳 · 贝尔 · 伯奈尔是现代女性天文学家的先驱，1967 年，还在剑桥大学攻读博士学位的约瑟琳发现了脉冲星。1974 年，她的导师因为这个发现而获得了诺贝尔奖，但约瑟琳却被排除在获奖名单外。今天，约瑟琳仍是一位活跃的研究者，她走遍世界，发表演讲介绍自己的工作，鼓励更多的女性进入科研领域。

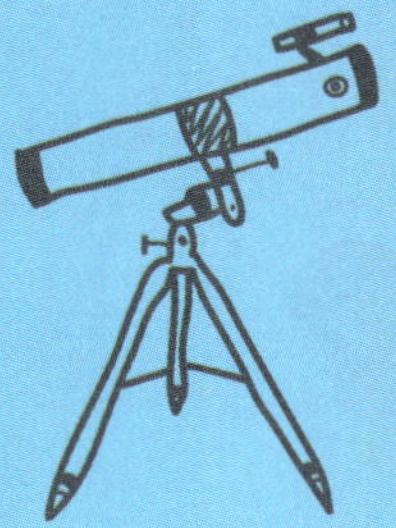

实验

制作针孔相机

你想在五分钟内做出一台奇妙的相机吗？别担心，很简单，而且它还能让你看到任何东西（包括你的家人）的倒像！请遵循下面的步骤，眨眼间你就能拥有一个观察世界的新角度。

你需要

- 一个干净的空薯片筒
- 钢笔/铅笔
- 美工刀（如果你年纪太小，那你可能需要成年人的帮助）
- 胶带
- 铝箔
- 图钉

怎么做

1. 取下薯片筒的盖子。
2. 在距离筒底大约 8 厘米的地方绕着筒身画一圈线。
3. 非常小心地沿着这条线把薯片筒切开——别割到自己的手指头！
4. 用盖子盖住刚刚切好的下半个薯片筒。
5. 把另一半薯片筒放到盖子上方，现在薯片筒看起来应该和原来差不多，只是盖子跑到了中间。
6. 用胶带把薯片筒粘回原样，请注意胶带只能缠在纸筒外侧。

⑦ 用厨房铝箔紧紧裹住薯片筒。你可以先把铝箔的一头粘在纸筒上，至少缠两圈，再把铝箔的另一头粘好。

⑧ 最后，用图钉在薯片筒的底面中央扎一个孔。

现在，你的针孔相机就大功告成了。闭上一只眼睛，把薯片筒开口的那端罩在你睁开的另一只眼睛上，去外面欣赏奇怪的新世界吧。

这是怎么回事

针孔相机诞生于公元前 1000 年左右，从那以后，人们一直在利用这种简单的方式来获取准确的投影。

物体反射的光线透过针孔，在屏幕上投射出上下颠倒的彩色影子。这是因为只有来自物体上某一个点的光才能到达屏幕上的给定点。这种相机不需要镜头，针孔就是它的镜头，所以针孔相机能够保证图像始终清晰。

!

针孔的大小非常重要，它将影响你看到的投影。你可以多做几个针孔大小各不相同的相机——你甚至可以在一个相机上扎好几个孔！针孔的大小对投影有何影响？什么样的针孔效果最好？

一定得试试

黑体和量子力学

如果你用炉子烤了个蛋糕，那么在烤制的过程中，蛋糕的温度会不断升高——要是你不管它，最后它会被烤焦变黑。要是炉子的温度够高，蛋糕甚至可能会着火！从炉子里取出蛋糕的时候，你会感觉到它散发出来的热量：炉子越烫，蛋糕的温度就越高。用物理学家的话来说，这个蛋糕正在以热的形式向外辐射（释放）能量。

测量能量

如果你手边有一件设备能够测量蛋糕释放的所有辐射，那么你会发现，虽然蛋糕释放的大部分辐射符合它的温度，但也有一小部分能量来自电磁波谱的其他频段，这就是物体自身的光谱。曾经有一段时间，物理学无法解释高温物体的光谱。

打破物理常规

为了解决这个谜题，物理学家构想了一个思想实验。他们想象出了一个只会吸收光的黑体：黑体不会反射任何光线，所以它看起来一片漆黑。黑体辐射的波只与它自身的温度有关，而且它不会损失任何能量，所以黑体是完美的高温物体。经典物理学无论如何都无法解释黑体的波谱。

离散变化的物理

经典物理学认为能量是连续的：能量的值可以是任何数，这正是物理学家无法解释黑体的原因所在。德国理论物理学家马克斯 · 普朗克解决了这个问题，他提出，能量不是连续的，它拥有一系列离散的定值。限制了能量的值，你才能解释黑体辐射的波谱。

量子力学的诞生

这是一个革命性的想法。普朗克表示，物体的能量不可能是任意值，它只能是特定的量子化的值。所有能量都能被分解，量子化的想法促成了量子力学的诞生，也帮助我们理解了原子内部发生的事情。

物理走进生活！

要是没有量子力学，太阳就会爆炸。如果能量不是量子化的，那么按照经典物理学，太阳应该向外辐射无穷多的高能光线，足以将它自己撕裂！

核裂变

发电是一门大生意：全世界每个国家都需要电，人类对电的需求每一天都在增长。

无论用的是煤、天然气还是核能，大部分电站都基于同样的原理运作。他们用能量加热水，使之蒸发，水蒸气推动涡轮发电。核电站的能源来自核裂变，即原子分裂成更小粒子的过程。核裂变实际上相当罕见，因为在正常环境下，只有极少的原子才会发生裂变，而且这个过程相当危险。

特殊的手段

能够发生裂变的最著名的原子是铀-235（U-235：原子量为 235 的铀同位素）。铀的同位素不止 U-235 这一种——它最常见的同位素是 U-238——但只有 U-235 能发生裂变。要利用核裂变来发电，我们必须将 U-235 跟更常见的 U-238 分离开来。这个过程难度极高，耗资巨大，所以大部分国家没有核电站（也没有核武器）。

物理走进生活！

全世界大约有 30 个国家拥有核电站。目前核电占全球总发电量的 13% 左右。法国约有 75% 的电来自核能。

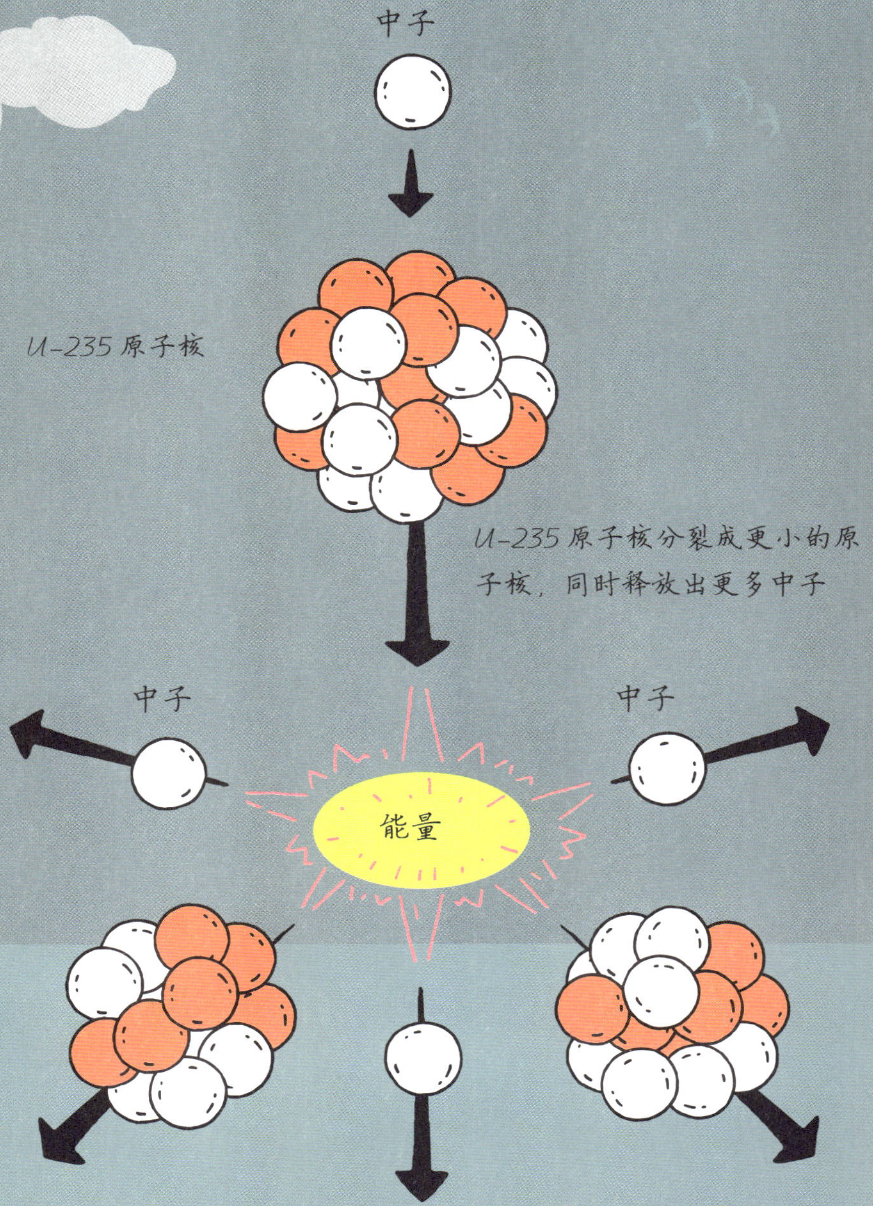

中子继续轰击更多的 U-235 原子核（链式反应）

建立链条

科学家在核反应堆中使用大量中子轰击 U-235 原子。只要有一个中子击中了原子核，原子就会吸收这个中子，变成 U-236。U-236 是一种不稳定的原子，它会分裂释放出 3 个中子和大量能量。这些能量将水蒸发成水蒸气，中子又会继续轰击另外 3 个 U-235 原子，让它们变成 U-236。这个循环每进行一次，核裂变的规模就会扩大三倍。一旦开启就能自发进行的反应被称为链式反应。如果链式反应的规模总是不断扩大，我们就说它是不可控的链式反应。如果我们放任链式反应不断进行，只要有足够的 U-235，最终积聚的能量就将引发一场大爆炸！为了预防这样的惨剧，科学家在核反应堆里加入了慢化剂，它会吸收一部分自由中子，从而延缓核反应的速度，避免局面失控。

核聚变

核聚变和核裂变正好相反。裂变是指较重的原子核分裂成更小的原子核，而聚变是指较轻的原子核聚合形成更重的原子核。

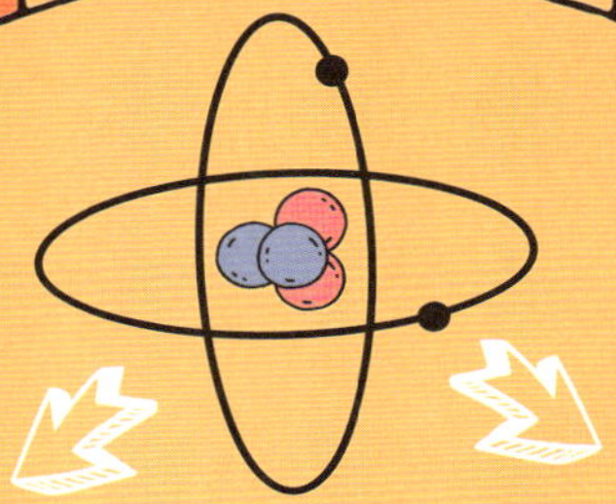

太阳的能量就来自核聚变反应。4 个原子量为 1 的氢同位素原子（一个质子和一个电子）在太阳里经过一系列核反应聚合形成氦 -4，同时释放出海量能量。人类制造出的第一个核聚变装置是氢弹，1952 年，美国首次制造出了氢弹。氢弹的威力大约是普通原子弹的 1000 倍。

目前的难点

过去 50 年来，科学家的目标一直是制造出可控的核聚变。如果能控制核聚变的节奏，那么我们就能用它来发电。可控核聚变将为人类提供无限的能源，没有核废料，也没有危害大气的污染物——只有安全无害的氦。

但要达到这个目标，我们需要解决三个问题：

物理走进生活！

物理学家已经制造出了聚变反应堆，但目前的聚变反应堆消耗的能量比它制造出来的还多。我们的技术一直在进步，希望在下一个十年里，人类能制造出切实可用的聚变反应堆原型机。

1 温度

聚变需要大量的能量才能启动。我们通常用热来提供能量，但开启聚变反应需要消耗很多很多热。科学家估计，氢同位素要加热到 4000 万摄氏度左右（比太阳的核心还热！）才能产生聚变。目前为止，科学家甚至还没有制造出接近这个数字的高温。

2 时间

充能后的原子核必须靠得足够近，并且持续足够长的时间才能开启聚变反应。科学家估计，受热气体或等离子体必须近距离接触一秒左右，但我们目前还远远达不到这个要求。

3 约束

任何材料都无法承受核聚变的高温，所以科学家必须寻求其他解决方案。因为等离子体带电，所以我们可以用磁场来约束它——比如说磁瓶。但要是磁瓶发生了泄露，聚变反应也不会发生，所以科学家仍在努力研发能够完美约束等离子体的磁场。

磁铁

你的第一个科学实验很可能就是用磁铁做的：玩冰箱贴。你把冰箱贴揭下来，观察它需要靠得多近才会吸到冰箱门上。磁铁无处不在，人类利用磁铁的历史长达数千年，但直到最近，科学家才通过对粒子结构的认识理解了磁铁的工作原理。

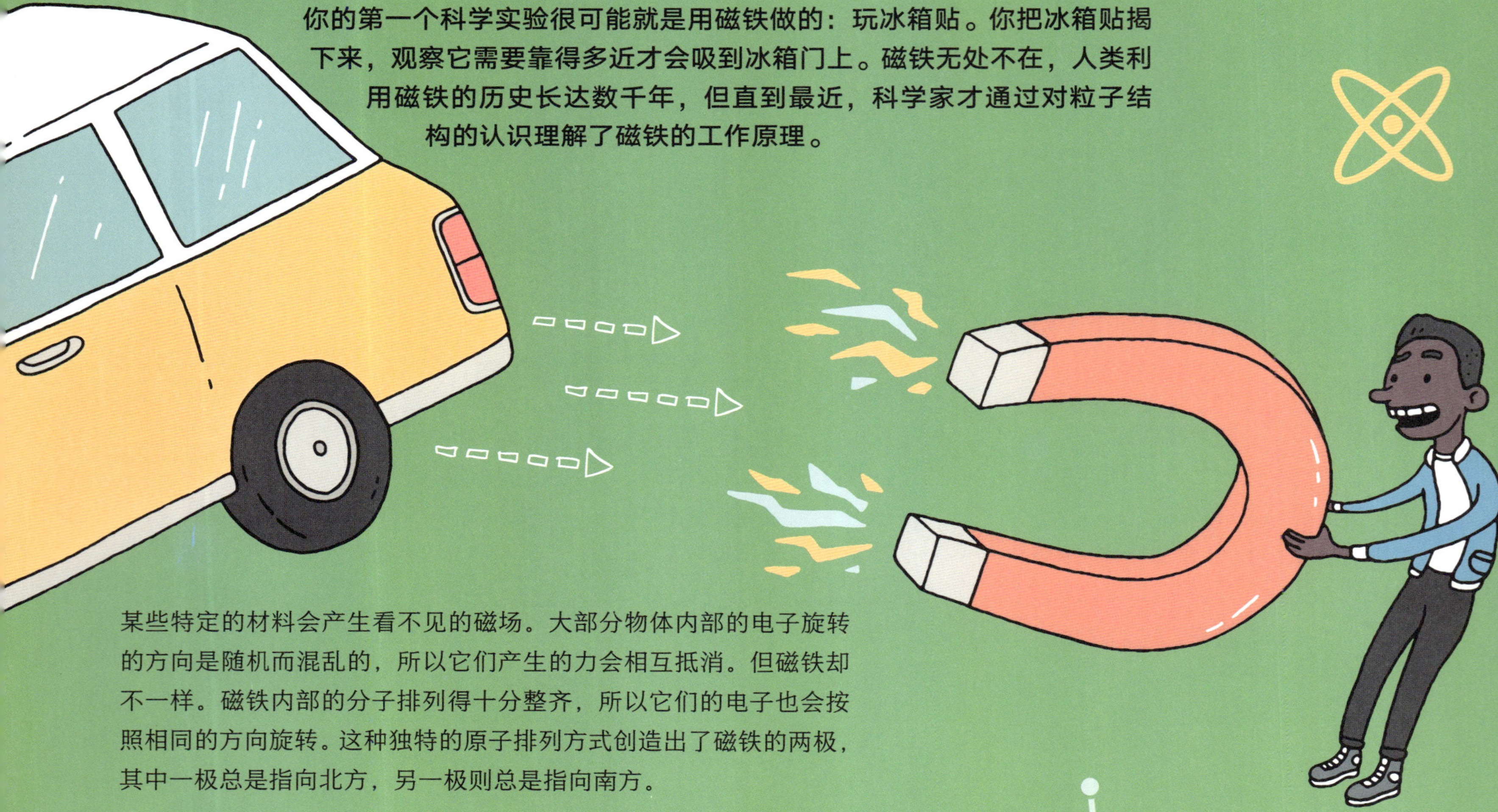

某些特定的材料会产生看不见的磁场。大部分物体内部的电子旋转的方向是随机而混乱的，所以它们产生的力会相互抵消。但磁铁却不一样。磁铁内部的分子排列得十分整齐，所以它们的电子也会按照相同的方向旋转。这种独特的原子排列方式创造出了磁铁的两极，其中一极总是指向北方，另一极则总是指向南方。

异性相吸

磁铁内部的磁力从北极流向南极，从而在磁铁周围制造出一个磁场。你有没有试过让两块磁铁互相靠近？如果你试图将两块磁铁的南极凑到一起，那么它们会互相排斥；同样地，两块磁铁的北极也会互斥。但要是你把其中一块磁铁换个方向，那么两块磁铁的南极和北极就会相互吸引。

物理走进生活！

你知道吗，地核的主要成分是铁，所以整个地球就像是一大块磁铁！正是出于这个原因，地球才拥有南北两极，我们也可以利用罗盘里的磁针来寻找方向。动物也会利用地球的磁场来导航，比如说，鲸和鸟类都会利用磁场在全球寻找迁徙路线。

稀有元素

结构适合让原子列队形成磁体的元素并不多。我们主要用铁来制造磁体，不过钢含有大量的铁，所以钢也能用来制造磁体。除了铁以外，另一些元素也可以充当磁体的原材料，比如说铷和钐，用这两种金属做成的磁体叫作稀土磁体。

电磁铁

电也可以创造磁体。你可以在铁棍外缠几圈电线，通电以后，它就会变成强磁体。不过一旦电流断开，它的磁性就会消失。这种设备叫作电磁铁。电磁铁广泛应用于需要开关磁体的场合。

实验

测量光速

光速非常快，所以准确测量光速的难度极大。但由于微波传播的速度等于光速，所以通过下面这个简单的实验，你只需要打开家里的微波炉就能算出光速的近似值！

你需要

- 一个转盘式微波炉
- 一张黑色卡片纸
- 迷你棉花糖
- 一把尺子
- 一支铅笔
- 一个计算器

怎么做

1. 取出微波炉里的盘子，以免它在炉子里旋转。
2. 用铅笔在黑色卡片纸上画一排平行线。
3. 沿着画好的线在卡片纸上摆满棉花糖，如果棉花糖总是到处乱跑，你可以用清水把它们固定下来。
4. 小心地把卡片纸放到微波炉里，让棉花糖接受微波照射。
5. 关上微波炉的门，把功率调到最高挡，开机 30 秒。
6. 取出粘着棉花糖的卡片纸。
7. 查看微波炉背面的标签，找到你家微波炉的工作频率，这个值应该在 2450 兆赫左右。

你应该注意到，有的棉花糖膨胀变大了，但有的棉花糖仍保持原状：它们在卡片纸上交替排列，呈现出波的形状。测量相邻两组未受影响的棉花糖的中心距离，它应该等于微波波长的一半，所以用这个数乘以 2，你就能得到微波的波长。（如果你用的测量单位是厘米，记得将结果除以 100，把它换算成米。）

要计算微波的传播速度，我们需要用到下面这个等式：

速度（单位：米/秒）=
频率（单位：赫兹）×波长（单位：米）

等式中的频率就是你在微波炉背面找到的那个数字（2450 兆赫等于 2450000000 赫兹），波长则是你刚才测量的距离乘以 2。用计算器将两个数相乘，你就能算出近似的光速。请翻到第 91 页，看看你的计算结果和实际光速相差多少！

这是怎么回事

微波烹调的原理是利用驻波加热食物内部的水分子。微波在金属炉壁之间来回反射，形成驻波，所以微波炉内部有的区域能量很高，有的区域能量很低。因为我们拿走了微波炉里的转盘，所以这种效应会变得十分明显。正是出于这个原因，用微波炉加热食物的时候，计时器走到零以后，你应该多等一会儿再取出炉子里的食物——如果你马上就把它取出来的话，那么一部分食物会很烫，另一部分则还有些凉。片刻之后，能量的流动才会让整份食物都达到合适的温度。

这个实验也可以用巧克力薄片或芝士来做。如果不想浪费食物的话，你也可以把实验材料换成热敏纸（就是超市里打印小票的那种纸）。

一定得试试！

温标

谈论热和能量的时候，温度是一个重要的参数。但衡量温度的温标有好几种。你或许知道摄氏温标，但你听说过华氏温标和绝对温标吗？

经典的华氏温标

诞生于 1714 年的华氏温标是我们目前仍在使用的最古老的温标。今天仍在使用华氏温标的主要是美国和几个太平洋岛国。

以水为尺

摄氏温标是现代的国际通用温标，它以水的温度为基础：0℃代表水的熔点，100℃则是水的沸点。摄氏温标是目前全世界应用范围最广的温标。

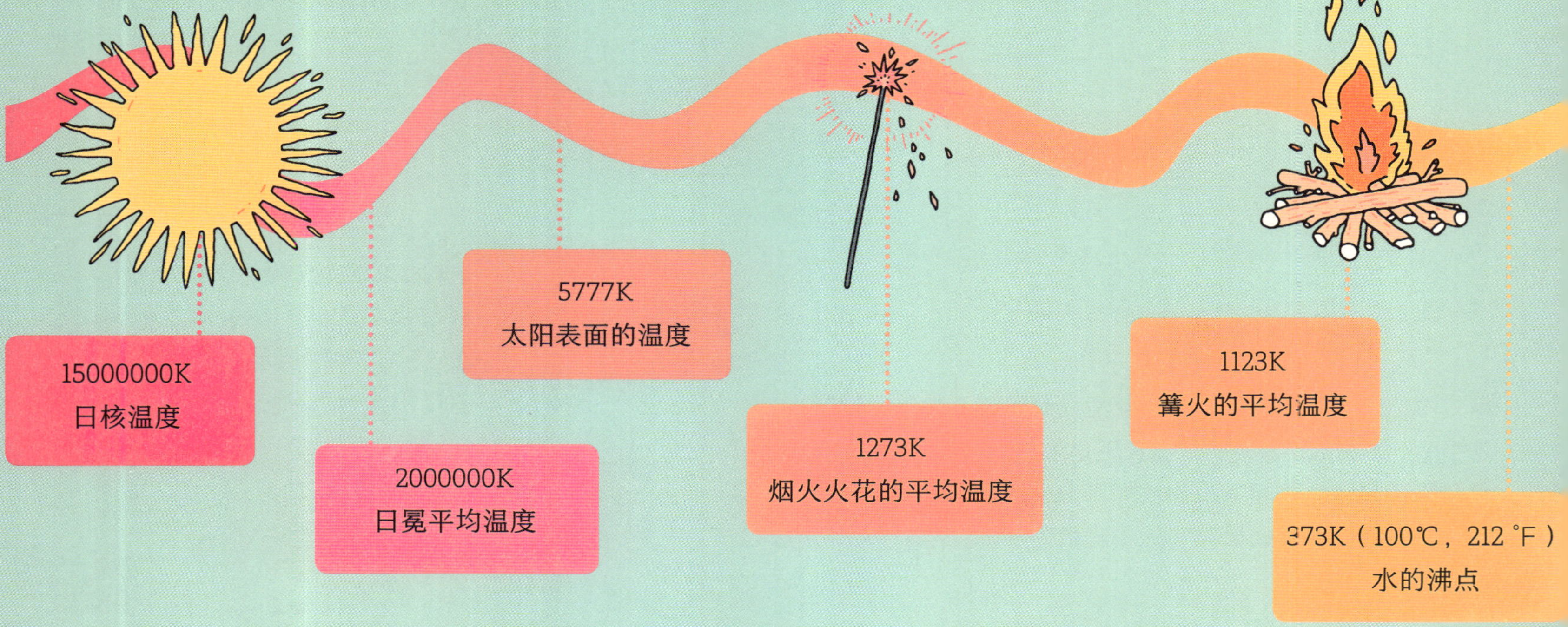

一路向下

科学界最常用的是绝对温标，它的刻度其实和摄氏温标一样，只是二者的起点不同。绝对温标和摄氏温标的唯一区别在于它没有“零下”的概念：0K——绝对零度——是宇宙中最低的温度，任何物质的温度都不可能低于这个值。

测量温度

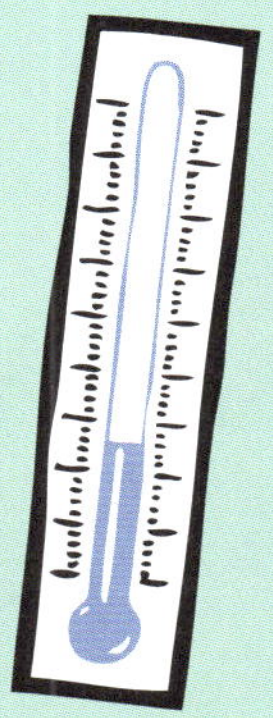

虽然科学家使用的温标只有这几种，但他们用来测量温度的设备却五花八门，品种多样。所有这些设备有一个共同的名字：温度计，因为它们都是用来测量温度的。有的温度计专门测量体温，有的温度计可以测量炉温，甚至还有专门用来测量液氧的温度计。

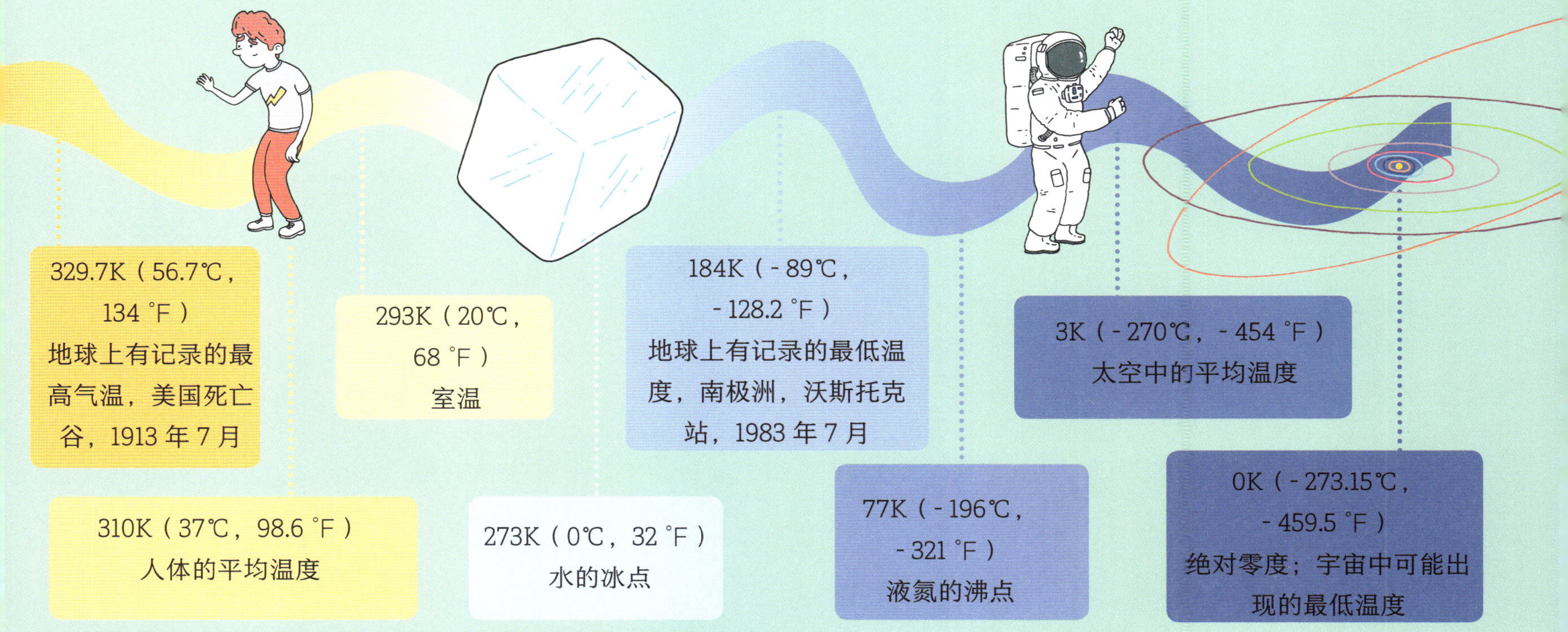

牛顿运动定律

艾萨克·牛顿爵士在本书中出现了很多次。因为在他的那个年代，牛顿发现了很多描述世界的定律，这些定律直到今天仍然意义重大。下面我们将详细介绍牛顿描述物体运动的定律：牛顿三大运动定律。

第一定律

在没有外力作用的情况下，静止物体将始终保持静止，运动物体将始终保持运动，其运动的方向和速度都不会改变。

这意味着如果你正在运动，那么在没有外力干扰的情况下，你的运动状态不会改变——比如说，你正在以特定的速度朝特定方向运动，那么你的速度和方向都将保持不变。直到永远。如果你没有运动，那么在没有外力干扰的情况下，你将始终保持静止，直到永远。

这听起来可能有些奇怪，不过请记住，在日常生活中，运动之所以会停下来，通常是因为摩擦力的影响，所以我们总在设法克服摩擦力。

第二定律

F=ma，或者说：力 = 质量 × 加速度

按照牛顿第二定律，物体受到的合外力直接等于它的加速度乘以质量。所以如果你对两个不同质量的物体施加同样大小的力，它们会产生不同的加速度，最后达到的速度也各不相同。质量较小的物体最终达到的速度更快。

第三定律

任何作用(力)都必然伴有一个大小相等的反作用(力)。

通常情况下，力总是成对出现的。比如说，你坐在椅子上，你的身体会对椅子产生一个向下的压力，所以椅子需要对你施加一个大小相等的向上的支撑力，否则它就会被压塌。要是椅子的支撑力大于你的体重，那么它就会从地板上升起来！起飞的火箭也是一个很好的例子。火箭发动机点火后会向地面施加一个向下的力，迫使地面产生一个相等的向上的推力，所以火箭才会飞起来。

过山车之旅

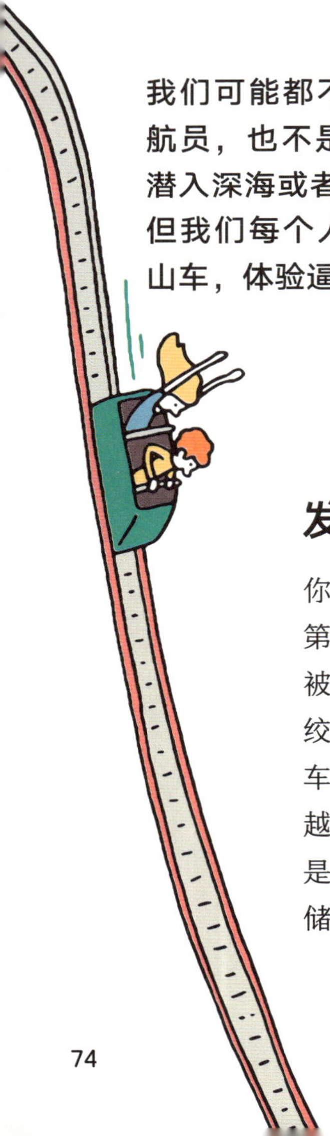

我们可能都不是赛车手或者宇航员，也不是每个人都有机会潜入深海或者登上珠穆朗玛峰。但我们每个人都有机会乘坐过山车，体验逼近极限的感受。

物理走进生活!

要享受最精彩的过山车之旅，请选择最后一节车厢。过山车翻越坡顶、冲过坡谷的时候，最后一节车厢的乘客将体验到最大的加速度，因为这里力的变化速度最快。

发动机在哪里?

你有没有注意到，过山车根本没有发动机?绞盘会将过山车拉上第一个坡顶，这通常是整个旅程中最长的一段——有的过山车会被拉到100米的高空中!

绞盘耗费能量将车厢送上坡顶，但这些能量不会凭空消失。过山车只需要停留在高空中就可以把这些能量储存起来——车厢爬得越高，它储存的能量就越多。惊险刺激的旅程开始后，过山车正是靠着这些能量才能载着你上冲下突，一往无前。因为这些能量储存在某种“势态”下，所以我们称之为重力势能。

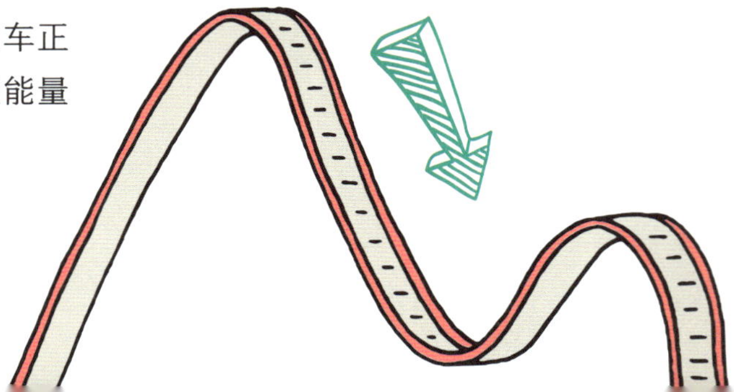

冲向坡谷

过山车越过第一道坡顶后，重力会促使它向下猛冲，所以车厢开始加速。随着过山车的速度不断变快，重力势能逐渐转化为动能。车厢越往下速度越快，转化成动能的重力势能也越来越多。

过山车刚刚启动的时候，我们可以认为它没有储存任何可用的重力势能。整个旅程中，车厢蕴含的能量不断在势能和动能之间来回转换。每当过山车爬上坡顶，车厢都会获得更多势能（因为它的高度增加了），但与此同时，它也会损失一部分动能（速度变慢）。所以过山车在爬坡的时候总是越来越慢，而在下坡的时候却越冲越快。

把你压在座椅上

能量推动过山车一路向前，但旅途中真正令人兴奋的却是你感受到的力。你当然看不到那些拉扯推搡你的力，但它们不断地压迫你，推动你，摇晃你，上一分钟你还觉得自己比空气还轻，下一分钟你立即变得比石头还重。随着过山车的运行，你在轨道上突然变得头下脚上的时候，也正是这些力把你紧紧地压在座椅上，保证了你的安全。

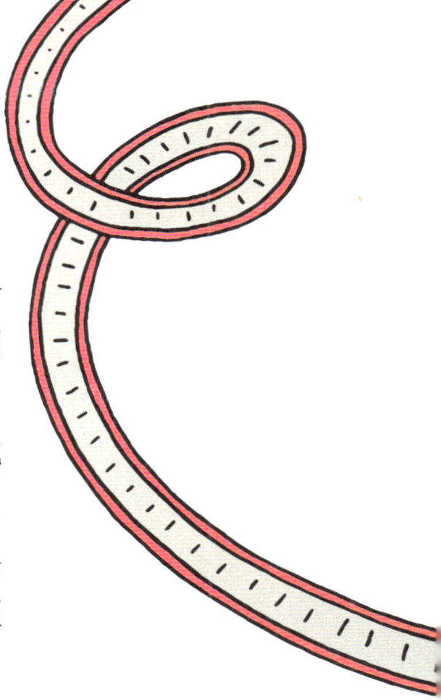

实验

笛卡尔浮沉子

这个简单实验的名字来自法国科学家勒内·笛卡尔，他曾利用一种相似的装置来解释阿基米德定律和气体的特性。

你需要

• 一个带瓶盖的1升装透明塑料瓶（不要2升的大瓶子）
• 一个没有孔的圆珠笔笔帽（你可以用胶带把笔帽上的孔封起来）
• 一些模型用黏土

怎么做

1. 撕掉塑料瓶上的标签，以便观察瓶内情况。
2. 把塑料瓶灌满水。
3. 在笔帽开口处放一块豌豆大小的模型黏土。
4. 小心地把笔帽放进瓶子里，带有模型黏土的那一头朝下（瓶子里的水可能会溢出来一点——没关系）；笔帽应该正好浮在水面上（如果它沉了下去，请掰下一小块黏土；如果浮得太厉害，就多加点黏土）。
5. 拧紧瓶盖。
6. 现在最有趣的地方来了。你可以随心所欲地主宰笔帽的沉浮。用力挤压塑料瓶，笔帽就会下沉，只要你松开手，它马上就会浮上来。你甚至可以让它正好悬浮在瓶子中央。

这是怎么回事

实验很精彩，但这到底是怎么回事呢？密度是这个实验的奥秘所在。你挤压塑料瓶的时候，笔帽内的空气泡泡会被压缩，导致笔帽的整体密度变得比周围的水更大，所以它才会下沉。等到你松开手以后，气泡又会膨胀到原来的大小，笔帽里多余的水被挤了出去，于是它又开始上浮了。

如果实验失败了，请试着改变黏土的用量，并检查在你放入笔帽之前，塑料瓶里的水面是否与瓶口齐平。

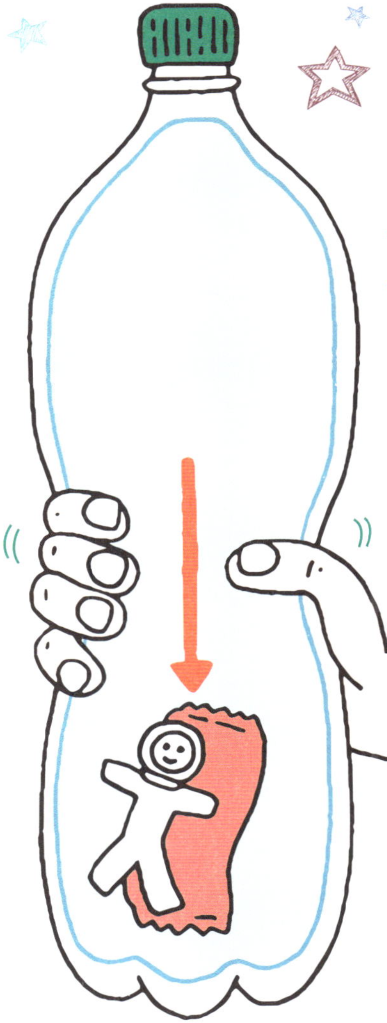

一定得试试！

番茄酱浮沉子

下次去外面吃饭的时候，请多拿一小包番茄酱。别打开袋子——把它放进装满水的塑料瓶就好，就像这个实验里的笔帽一样。当你挤压瓶子的时候，番茄酱包里的空气会被压缩，所以酱包的整体密度会变得更大。袋子里的空气能够控制酱包的浮沉，就像我们刚才用过的笔帽一样。祝你玩得愉快！

是波非波？

光的波粒二象性可能是物理学领域最令人迷惑的概念之一，因为这完全有悖于我们在日常世界中观察到的现象。

波还是粒子？

光到底是波还是粒子？整个 18 世纪和 19 世纪，研究光的物理学家一直为此争论不休。他们试图通过实验来解决争端，结果却发现光同时表现出了波和粒子的特性！有时候它会像粒子一样沿直线传播，但另一些实验却测出了光的波长和频率，就像其他已知的波一样。

难道它……既是波又是粒子？

1909 年，一位名叫杰弗里 · 泰勒的科学家借用了托马斯 · 杨之前设计的一个实验。杨曾经用光照射两道距离很近的狭缝，在屏幕上形成干涉图案。这似乎证明了光的确是一种波，因为光波会在某些区域相互抵消，而在另一些区域彼此加强，最终形成明暗交错的图案。

泰勒的想法是利用一种对光十分敏感的特殊相机来拍摄透过狭缝的光。他把光源调得非常暗，然后开始拍摄图片。结果泰勒发现，在极低的亮度下，他拍到的只是透过狭缝的两束原封不动的光——这样的表现和粒子一模一样。但要是相机的曝光时间足够长，足量的微弱光线透过狭缝照射到相机的感光器上，细小的光点最终会填满整张照片，干涉图案重新出现。这个简单的实验演示了光如何同时拥有波和粒子的特性。

很多物理学家成功复现了这个实验，所以他们终于达成了共识：光既是波又是粒子。虽然你可能很难理解一个东西怎么能既是 A 又是 B，但物理学家的确建立了一系列的方程来描述这类既拥有波长（波的特性）又拥有动量（粒子的特性）的东西。这种看似不可能的特性被称为波粒二象性。

物理走进生活！

薛定谔的猫是量子力学领域一个著名的思想实验，据说盒子里的猫既是死的又是活的，直到有人去观察它。物理学家利用这个实验来验证量子力学的新理论。

电动马达和发电机

现在你房间里有多少个电动马达（电机）？至少有一个马达藏在你的电脑启动器里，它会驱动冷却风扇。如果你正好待在卧室里，那么你会发现电吹风和很多玩具里都有马达；而要是你走进厨房，你会发现几乎所有设备都离不开马达，从洗衣机到洗碗机，再到咖啡研磨机和微波炉。马达还能推动飞机和船只的螺旋桨，它是有史以来最有名的发明之一——但马达的工作原理是什么呢？

电、磁和运动

电机的基本原理其实相当简单：将电输入马达的一端，推动另一端的轴（一根金属棍）旋转，从而产生足以驱动某种机械的能量。那么电到底是怎么转化成运动的呢？

假设你手边有一段普通的电线，你可以把它绕成一个巨大的环，放在一块马蹄形的永久性强磁体的两极之间。现在，要是你把线圈的两头接到电池上，那么线圈会立即向上“跳”一下。第一次看到这一幕的你肯定会觉得很惊讶，但它背后有着完美的科学解释。通过电线的电流会制造出一个围绕电线的磁场。要是你把这段电线放在一块永磁体附近，电流产生的临时磁场就会跟永磁体的磁场发生互动。你已经知道了磁体会互相吸引或排斥，那么同样地，电线周围的临时磁场也会吸引或排斥永磁体的磁场，所以线圈才会跳起来。以此为基础，再加上一点巧思和行动，这种短暂的运动变成了持续不断的旋转运动，电机就这样诞生了。

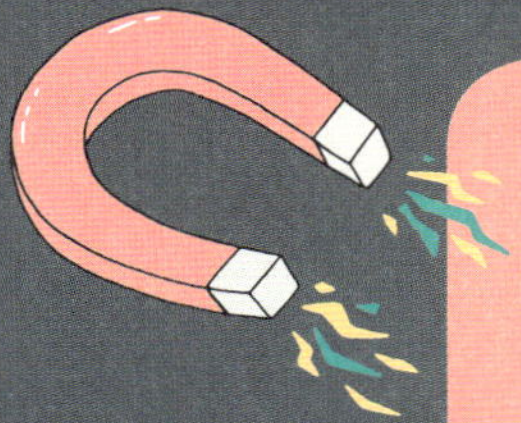

用运动发电

既然电和磁体能创造出运动，那么磁体和运动也同样能创造出电。如果一块磁体在线圈中不断地进进出出，那么线圈里的电子就会流动起来产生电流，只不过这样的电流十分微弱。发电的最佳方案是让线圈在一大块固定的磁体内旋转，固定在自行车轮胎上的发电机就是个简单的例子。自行车向前移动的时候，轮胎的转动会带动磁体内的线圈旋转，从而产生足够的电，点亮自行车的车灯。

弹性、塑料和弹簧

我们利用能量的概念来帮助自己描述物体的行为和这些行为背后的原因。如果你对某个物体施加一个力，那么你可能会改变它的能量，这些能量可以对物体产生某种效果。

能量是一种标量，它没有方向（相对于有方向的矢量）。能量看不见也摸不着，它只是又一个能帮助我们理解周围世界的概念而已。科学家用“焦耳”这个单位来衡量能量。

弹簧的季节

对弹簧的研究是物理学领域一个重要的课题。静止的弹簧没有任何作用，但只要你对它施加一个压力，弹簧圈就会改变形状并储存能量。压缩后的弹簧蕴藏着能量，现在它可以作用于其他物体。任何有弹性（能够改变自身形状且能自行恢复原状）的物体都能以同样的方式储存能量，例如橡皮筋。你可以拉伸橡皮筋，然后它就能对外产生作用了。拉伸的过程有外力参与，它会增加橡皮筋的势能。你可以压扁一个实心橡胶球，但只要你一松手，它就会弹回去。

塑料制品不能储存能量，因为它无法改变自己的形状。如果塑料制品承受的能量超过了极限，它就会变形碎裂。想想装得太满的塑料购物袋，它的提手会拉伸变形，运气不好的话，袋子还会破掉！

储存能量的气体

气体很适合储存能量，因为它能压缩还能膨胀。气体会表现出类似弹性的性质，如果压力增大，气体分子遭到压缩，那么它储存的能量也会增加。这和弹簧十分相似，但还是有点区别。在你需要的时候，你可以释放出压缩气体储藏的能量，用它来完成某些工作。

你家的汽车上安装着减震器。有的减震器核心元件是装着压缩空气的圆筒，而不是弹簧。这些圆筒储存的能量保证了汽车碾过坑洼时不会颠得太厉害。

物理走进生活！

山地自行车和公路自行车的一大区别在于前者配置了弹簧。在坑坑洼洼的林间小道上骑行的时候，你肯定不想让公路车把你的屁股颠疼！山地车上的弹簧会吸收一部分能量，让车上的你坐得更稳。

$E=mc^2$

爱因斯坦在狭义相对论中提出了一个如今最广为人知的方程：$E=mc^2$。这个方程如此著名，以至于哪怕没有任何物理学背景的人至少也听说过它，而且知道它对我们生活的这个世界来说十分重要。但是，大部分人并不真正理解这个方程的含义。

简单地说，这个方程解释了物质和能量之间的关系：从本质上说，能量和物质是同一种东西的两种不同的表现形式。要理解这个方程的含义，我们需要四个步骤：

1 定义方程中的每个要素。

第一步是理解方程中的每个要素各自代表的意义。E 指的是物体的能量，m 是物体的质量，c 则是真空中的光速。

2 什么是能量？

你或许听说过能量的多种不同形式，包括动量、电能、热能和重力势能。能量既不能被创造，也不能被消灭，它只能从某种形式转化为另一种形式。

3 什么是质量？

质量衡量的是某件物体中的物质含量。据我们所知，物体的质量是恒定不变的。同样重要的是：质量和重量不一样。重量是指某件物体受到的重力，它的大小取决于物体所在环境的重力强度。你在月球上的重量比在地球上更轻，但你的质量在哪儿都一样。

4 最后，质量和能量是一回事。

这个方程表明，质量和能量是同一种东西，所以只要你知道某件物体的质量，就能算出它蕴含的能量。这个方程还表明，哪怕是一点点质量也蕴含着巨大的能量！

为整个世界提供能量

爱因斯坦的等式告诉我们，物质蕴含着很多能量。如果你能将物体的质量完全转化成能量，那么 1 千克的物体大约能产生 9×10^{16} 焦耳（90000000000000000 焦耳）能量，相当于 4000 多万吨 TNT！说得再实际一点，这么多能量至少够 1000 万个家庭用 3 年。因此，一个重 50 千克的人蕴含的能量足够让 1000 万个家庭用 150 年。

实验

制作冰激凌

你自己在家做过冰激凌吗？很好玩哦，而且最重要的是，玩了以后你还能吃到美味的零食！

你需要

- 量勺
- 2 茶匙糖
- 400 毫升牛奶（淡奶油也可以）
- 香草精
- 200 克盐
- 两个小的能密封的袋子，装三明治的拉链袋就可以
- 两个很大的能密封的袋子
- 1 千克冰块
- 隔热手套或者一块小毛巾
- 秒表或钟表

怎么做

1. 开始之前：在两个小袋子里各放 1 茶匙糖、200 毫升牛奶（或淡奶油）、1/4 茶匙香草精，然后把袋子密封起来放到冰箱里备用。

2. 准备好了以后，在一个大袋子里放 500 克冰块，再加入 100 克盐。

3. 取出一个准备好的小袋子，放进装冰块的大袋子里，确保两个袋子密封完好。

4. 戴上隔热手套或者用毛巾裹住袋子，使劲摇晃至少 5 分钟。

5 现在在另一个大袋子里装500克冰块，但这次不要加盐。

6 取出另一个小袋子放进这个大袋子里，确保两个袋子密封完好。

7 戴上隔热手套或者用毛巾裹住袋子，使劲摇晃至少 5 分钟，就像刚才一样。

其中一个袋子应该能成功制造出冰激凌！快吃吧，趁它还没化！然后取出另一个没能变成冰淇淋的小袋子，把它放进装着盐和冰块的大袋子里，再次摇晃至少 5 分钟。

这是怎么回事

你应该已经发现了，与没加盐的袋子相比，加了盐的那个大袋子里的冰块化得快得多，而且摸起来也冷得多。正是因为这个袋子足够冷（比冰点还要低几度），所以它才能充分冷却小袋子里的原材料，让它们变成硬硬的冰激凌；与此同时，没加盐的那个袋子不够冷，所以小袋子里的材料依然是液体，无法变成冰激凌。

一定得试试！

你可以换一种盐，然后重复这个实验，也可以把牛奶换成奶油或者其他非乳品类的材料，看看结果会怎样。你能找到最佳的原材料组合吗？

物质的态

我们已经介绍过了原子如何组成物质，又如何分解成更小的基本粒子。现在我们要介绍的是物质最常见的几种态——固态、液态和气态——以及物质在各种态下的行为。

固态

物质内部的原子紧紧挤在一起，形成固定的形状，我们称之为固体。你无法穿过一堵固体墙壁，因为固体十分紧密，不允许你在中间移动。固体在室温下能保持形状。

但固体原子之间也存在狭小的空间。原子排列的紧密程度决定了物质的密度。原子之间的空间越大，物质的密度就越小。

液态

液体在室温下无法保持固定的形状。液体原子之间存在一定的空隙，所以液体总会微微晃动。正是出于这个原因，你才能把手指插进水里再抽出来，让水填满你的手指刚才所在的位置。不过在游泳池里行走的时候，你必须一路挤开前方的水——这意味着你会感觉到水的沉重阻力。液体会流动，所以它的形状能够随容器而改变。无论容器是宽是窄，液体总会自动适应新的形状。

气态

气体不仅无法在室温下保持形状，甚至还无法长期停留在原地！气体原子之间的空隙很大，所以你可以轻松地从中穿过。从房间的这头走到那头，短短几步你就穿过了组成空气的数十亿个原子，而且你甚至不会察觉到它们的存在。气体的形状也会随着容器而改变，气体还能被压缩到更小的空间里。

我是水一般的人儿。

物态的变化

物质可以从某种态变成另一种态，但它仍是同一种东西。比如说，冰块可以加热融化成水，水受热后还能变成蒸汽，但它的化学成分始终保持不变。除了温度以外，压力也能改变物态。地底深处的固体会变成液体，因为厚厚的地层压迫着深处的固体，将它们变成了液态的岩浆。

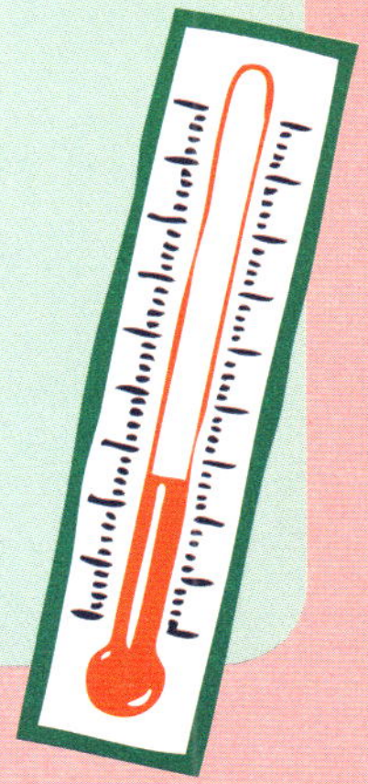

H_2O

常见的物态共有三种——固态，液态和气态，在我们地球上，水是自然界中唯一一种三态同时存在的物质。

物理走进生活！

速度的极限

也许你跑步或游泳的速度真的很快，但你知道自己头发的生长速度或者地球绕太阳运行的速度吗？下面的表格列出了多种速度纪录以供比较，你能算出自己绕银河运行的速度吗？

速度（米/秒）	项目
0.0000000016	月球相对于地球后退的最快速度
0.0000000060	人类头发生长的最快速度
0.000014	竹子的生长速度（竹子是长得最快的木本植物）
0.00275	蜗牛移动速度的世界纪录（康格汉姆，英国）
0.080	树懒的最快速度
5.72	马拉松世界纪录的平均速度
12.42	尤塞恩·博尔特在 2009 年创造 100 米短跑世界纪录时达到的最高速度
30	最敏捷的陆地动物——猎豹的最高速度
67	全世界最快的过山车的最高速度（洛萨方程式，阿布扎比）
250	现代喷气机的巡航速度
343.2	声音在空气中的传播速度——速度高于这个值的物体将突破音障！
373	有记录的自由坠落最高速度（菲利克斯·鲍姆加特纳）
464	地球赤道位置的自转速度
603	协和式客机的速度
1,500	声音在水中的传播速度

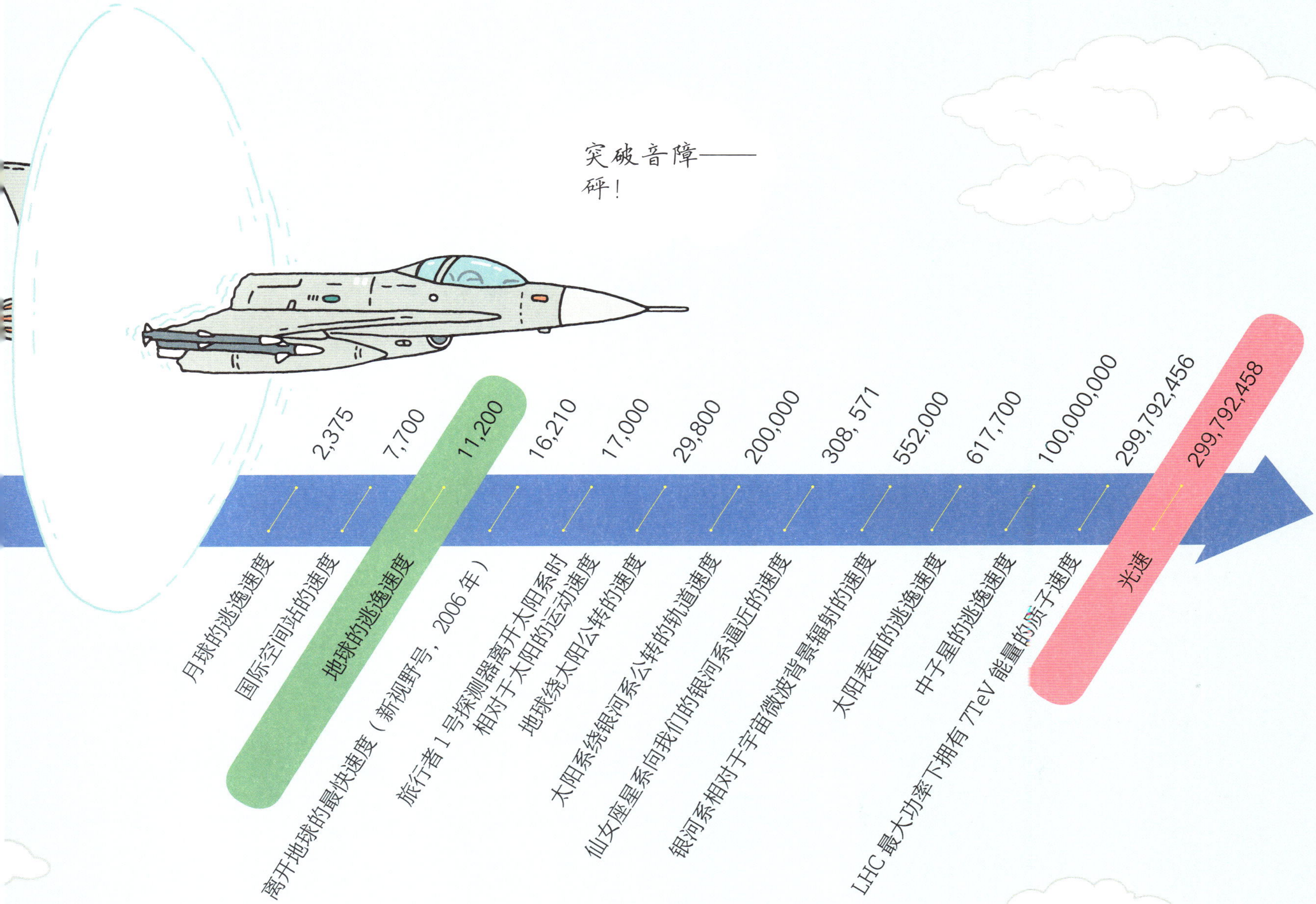
突破音障——
砰！
2,375
月球的逃逸速度
7,700
国际空间站的速度
11,200
地球的逃逸速度
16,210
离开地球的最快速度（新视野号，2006 年）
17,000
旅行者 1 号探测器离开太阳系时相对于太阳的运动速度
29,800
地球绕太阳公转的速度
200,000
太阳系绕银河系公转的轨道速度
308,571
仙女座星系向我们的银河系逼近的速度
552,000
银河系相对于宇宙微波背景辐射的速度
617,700
太阳表面的逃逸速度
100,000,000
中子星的逃逸速度
299,792,456
LHC 最大功率下拥有 7TeV 能量的质子速度
299,792,458
光速

实验

火柴火箭

制造能进入太空的火箭是一个艰难而昂贵的任务。但跟着下面的步骤，你可以在几分钟内做出一枚能飞10米高的货真价实的火箭！

你需要

- 非安全火柴
- 一块尺寸大约为5毫米 x 5毫米的铝箔
- 一根大头针
- 一个大号曲别针
- 一块瓦片或者其他隔热材料
- 一个烧烤用长柄点火器
- 护目镜

怎么做

1. 将铝箔对折成矩形，沿着矩形长边将它再次对折成正方形然后马上打开，留下一个中央有折痕的矩形。
2. 将一根火柴放在铝箔上，火柴的摆放方向垂直于中央的折痕，火柴头正好位于折痕下方。
3. 顺着火柴的方向将大头针放在火柴上面，针尖与火柴头齐平。
4. 沿着折痕重新对折铝箔，盖住火柴头和大头针。
5. 用铝箔把火柴头和大头针紧紧地裹起来。
6. 抽出大头针，小心地放到一边。你的火柴火箭做好了！
7. 掰开曲别针，把它做成一个火箭发射架。

8 去外面，把你的发射架放在隔热垫上。

9 把火柴放到发射架上，裹着铝箔的那头朝上，请注意火柴头的方向不要冲着自己或者周围其他人。

10 戴上护目镜。

11 用点火器（或者另一根火柴）从下方烘烤裹了铝箔的火柴头。

12 等着你的火箭一飞冲天！（这最长可能需要一分钟，所以请耐心一点。）

一定得试试！

就算你严格遵循了每一个步骤，你的火箭仍有可能发射失败。因为火箭的原理虽然简单，但制造火箭的工程却非常复杂。要是你的火箭真的发射失败了，请思考你能做出哪些改进，然后重新试试——很快你就能制造出完美的火柴火箭了！

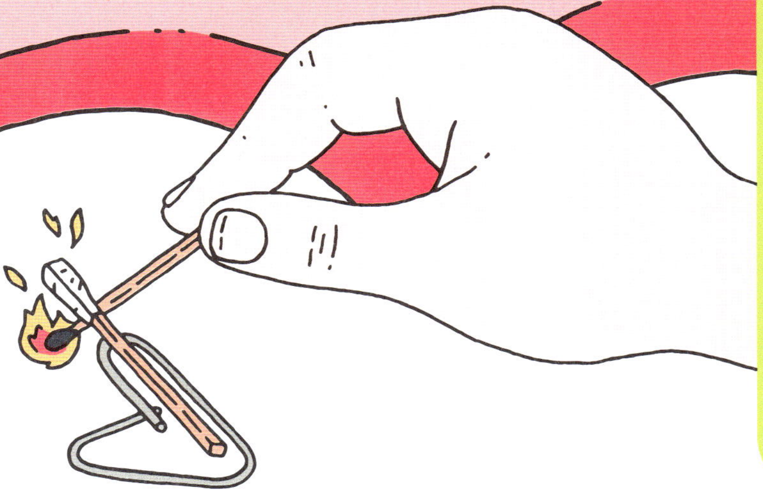

这是怎么回事

火箭科学的理论基础是牛顿第三定律。要让火箭升天，你需要制造一个与推力相等的反向力。在这个实验中，大头针留下的缝隙就是火柴火箭的“喷嘴”。火柴被点燃后，瞬间产生的高温气体沿着这条缝隙向外喷射，产生一个与火柴起飞方向相反的力。缝隙越窄，产生的力就越大，你的火箭也飞得越远！

运动的声音

你是否曾站在路边，看着一辆救护车鸣着警笛飞驰而过？如果有过这样的经历，你或许会注意到，救护车朝你开过来的时候，警笛的声调（衡量警笛频率的物理量）会变得越来越尖；等到它从你身边开过去以后，警笛的声调突然又变得低沉起来。这种现象叫作“多普勒效应”。

什么是多普勒效应？

所有波都会产生多普勒效应，无论是声波、光波还是水波。只要波源和接收者发生了相对运动，就会出现这种现象。通过下面的示意图我们可以看到，汽车朝你开过来的时候，它发出的声波被挤得越来越短，所以警笛声会变得越来越尖；而当它逐渐远去，声波又会被拉长，你听到的声音也就低了下去。

声音在空气中的传播速度只有 1235 千米 / 小时（或者 343.2 米 / 秒），所以时速 80 千米的汽车会极大地影响你听到的声音！电视里飞驰而过的汽车会产生明显的多普勒效应，正是出于这个原因，你总能轻松听出警车、救护车或消防车是正在朝你开来，还是在离你远去。

如果你是开救护车的司机，你能从自己车上的警笛声中听出多普勒效应来吗？

天文学中的多普勒效应

多普勒效应对天文学家非常有用，他们会利用银河系内外的恒星运动产生的电磁波（包括光）频移来搜集关于这些恒星和星系的信息。在多普勒效应的帮助下，我们可以发现恒星的许多秘密。如果恒星正在朝远离地球的方向运动，那么它发出的光波频率会下降（也就是朝光谱的红色端移动，我们称之为“红移”）；反过来说，如果恒星正在朝靠近地球的方向运动，那么它发出的光波频率会上升（朝光谱蓝色端移动，即“蓝移”）。这种技术可以帮助天文学家找到围绕遥远恒星转动的行星、研究远方星系中的恒星运动，它甚至可以告诉我们，大部分星系正在朝远离我们银河系的方向运动。

物理走进生活！

虽然多普勒效应告诉我们，大部分星系正在朝远离银河系的方向运动，但银河系最近的邻居仙女座星系却在向我们飞奔而来，它注定会和我们发生碰撞……不过要等到大约 40 亿年以后。

滴答滴答

你或许觉得在一本介绍物理学的书里读到关于钟表的东西实在有些奇怪，但几个世纪以来，准确测量时间的流逝一直是科学家的夙愿之一。几千年来我们一直靠水钟、沙漏和蜡烛这样原始的设备来记录时间，不过诞生于 1656 年的摆钟带来了钟表史上最大的突破，在 1927 年石英钟问世之前，摆钟一直是最准确的钟表。

来来回回

摆钟最基本、最引人注目的特点就藏在它的名字里——它拥有一个钟摆。钟摆在重力作用下永不停歇地摇晃，它可以帮助摆钟记录时间，今天的你可能只在爷爷家的座钟里见过这玩意儿。伽利略 · 伽利雷等人发现，钟摆有个了不起的特性：它每次摆动消耗的时间几乎完全相同，这正是摆钟精确计时的关键所在！钟摆的长度会影响每次摆动消耗的时间，所以不同的摆钟测量时间的周期各不相同。有的钟摆每秒钟摆动一个来回，另一些钟摆可能一分钟才会摆动一个来回！

物理走进生活！

今天最准确的钟是原子钟，它的准确度能达到每 1000 年才只有 1 秒的误差！

摆钟有什么优点？

钟摆的工作原理是将重力势能转化为动能。钟摆向上运动到最高点时，它储藏的势能将达到最大值；然后在它向下摆动到中点/最低点的过程中，这些势能会逐渐转化为动能；钟摆来回运动，这个过程也不断重复。动能为摆钟提供了运转的驱动力。在摩擦力的作用下，钟摆的运动速度会变得越来越慢，摆动的距离也越来越短，但它完成一个摆动循环的时间始终保持不变，这种特性被称为“等时性”。等时性意味着“时间相等”，所以摆钟才会那么准确。随着时间的流逝，钟摆的运动速度会变得越来越慢，这时候你就需要给它上发条，为它补充正常工作所需的能量。重的钟锤（配重）储存的能量比轻的更多，需要上发条的次数也更少。

统一全世界

标准模型回答了关于物质结构的很多问题，比如说，物质是由什么构成的，力如何影响物质。但标准模型并不完善，目前它还无法解答几个关于宇宙的重要问题。

标准模型最大的问题在于，它无法解释粒子为什么会以现在的方式存在。这并不意味着物理学家觉得标准模型有错，而是说，他们认为目前的模型还不完整——我们需要去发现更多新知。

基本力

四种力控制着我们周围的万事万物，它们被称为“基本力”。接下来我们就会介绍四种基本力：

1 引力

这是最弱的一种基本力，但它却足以让星系凝聚成形。

2 电磁力

这种力控制着电子的行为，电场和磁场也是它创造出来的。

3 强核力

这种力将质子和中子凝聚到了一起，它实际上作用于夸克之间。强核力的作用距离仅限于原子核的尺度，超过这个尺度，它就会消失。

4 弱核力

这种力比强核力弱1000万倍（所以它才得到了现在这个名字），但它仍比引力强。弱核力的作用距离也非常短，它能将中子转化为质子。

大统一理论

统一四种基本力、构建大统一理论（GUT），这是粒子物理学家最重要的目标之一。只需要这一套理论，我们就能为宇宙的组成方式做出更优雅的解释。物理学家詹姆斯 · 麦克斯韦迈出了这条路上的第一步，他将电和磁整合到了一起，因为他意识到这两种力都来自电子的运动和排列。现在科学家又将电磁力和弱核力整合到了一起，因为在高能状态下，这二者不过是同一种力的不同方面，我们称之为“电弱力”。

目前已有的大部分 GUT 理论都无法将四种基本力整合成一种，大家都还在努力整合强核力和电弱力，因为这两种力都拥有符合标准模型的载体。要进一步完善这些理论，物理学家必须提出经得起考验的预测。

真正能统一四种力的 GUT 还必须解释量子世界的问题，我们称之为“万有理论”，它必须解释的不仅是各种各样的力，还有基础物理领域的所有现象。目前的万有理论都无法给出经得起实验验证的预测，所以这个领域仍停留在纯理论的层面上。

海森堡不确定性原理

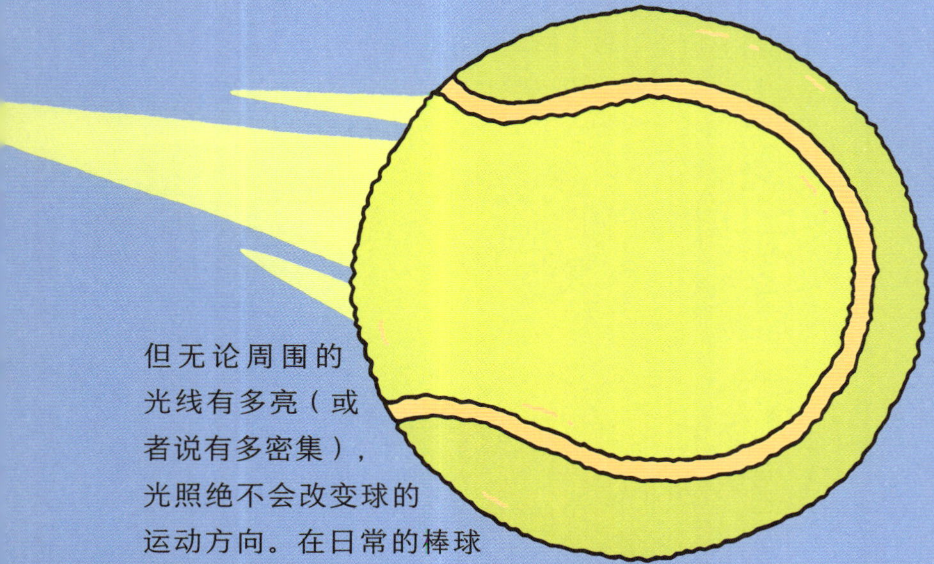

如果我朝你扔一个球，你会看到它迎面飞来，因为来自太阳（或灯泡）的光会从球的表面反射到你的眼睛里。但要是周围一片漆黑，你就看不到这个球了，因为你的眼睛不会接收到任何反射光。

但无论周围的光线有多亮（或者说有多密集），光照绝不会改变球的运动方向。在日常的棒球比赛中，我们会用一种名叫雷达的光来测量球的速度，但雷达的照射从未改变过棒球的速度或者方向，要不然它早就被禁掉了！

撞击原子

但在原子的世界里，所有东西都很小，所以反弹的光波会改变这些微粒的方向和速度，甚至可能将电子从原子里面撞出去。这就像有人用手电筒照了照你，你就被打翻在地，很难想象吧！呃，要是你小得像原子一样，那么光真的会结结实实地把你撞倒！

对原子来说，这有点儿像是朝一个拉着绳子挂满铃铛的房子里扔了一个网球。被网球撞到的铃铛会响起来，你就能听出它的方位；但与此同时，撞击也会影响网球的运动轨迹，这意味着现在它会朝另一个方向飞去。铃铛能告诉你网球曾经在哪个位置，却不能告诉你它现在去了哪里。

速度和速率

物理学测量的不是速率，而是速度。速度是有方向的速率，比如说，如果要形容某辆正在行驶的汽车，我们会说它以 50 千米 / 小时的速度向东（或者随便哪个方向）运动。正是出于这个原因，我们无法同时测量这些微粒的速度和位置。

如果测量了粒子的位置，测量这个动作本身就会改变它的运动轨迹，从而影响它的速度；反过来说，测量速度也会改变粒子的位置，让我们无从得知它到底在哪里。所以我们只能退而求其次，测量它们大致的位置和速度范围，或者说，允许存在一定的不确定性。

由于这个想法是德国科学家沃纳 · 海森堡首次提出的，所以它被命名为“海森堡不确定性原理”。

物理走进生活!

为了反驳海森堡不确定性原理，阿尔伯特 · 爱因斯坦发出了那句著名的感叹，“上帝不掷骰子”。但从那以后，物理学家怎么努力都无法推翻海森堡不确定性原理，所以现在，它成了量子力学领域的基本原理之一。

布朗运动

“布朗运动”这个词语很多人可能相当熟悉，它的名字来自伟大的苏格兰科学家罗伯特 • 布朗。布朗运动的发现是科学史上的无数意外之一，它引领物理学家提出了许多突破性的理论。

布朗的意外发现

布朗实际上是一位植物学家，他的本职工作是研究植物样本。在显微镜下观察水中悬浮的花粉颗粒时，布朗发现这些微粒总会在溶液中轻轻晃动，哪怕周围没有任何外力作用。

虽然当时的人们还无法理解这种运动，但它的存在促使人们开始思考原子和分子这一类的东西，哪怕那时候他们根本无法直接观察到这些微粒。

这是什么？

布朗观察到花粉颗粒似乎会在水中随机运动，根本无法推测它下一步的去向。这令他十分着迷。

布朗无法确定是什么导致了花粉的运动，所以他开始一一排查可能的因素。布朗的主要成就是证明了这样的运动和花粉的活性无关，通过仔细地观察，他发现失去活性的花粉和灰尘同样会做随机运动。布朗还注意到，这些更小、更轻的微粒似乎比活的花粉运动得更剧烈！

虽然布朗首次观察并记录了这种现象，但他却不知道这到底是怎么回事。后来科学家才慢慢发现，布朗运动实际上是微小的（当时人们还看不到这么小的东西）水分子与花粉的碰撞造成的。尽管花粉的尺寸是水分子的10000倍，但碰撞发生的次数太多，产生的合力足以推动花粉，让花粉做出无法预测的随机运动。

你可能会直觉地认为分子从四面八方撞击花粉，产生的力总会相互抵消，而且花粉的随机运动应该在各个方向上没有显著差别，但实际上，总会有某个方向的力（运动）略大于其他方向。

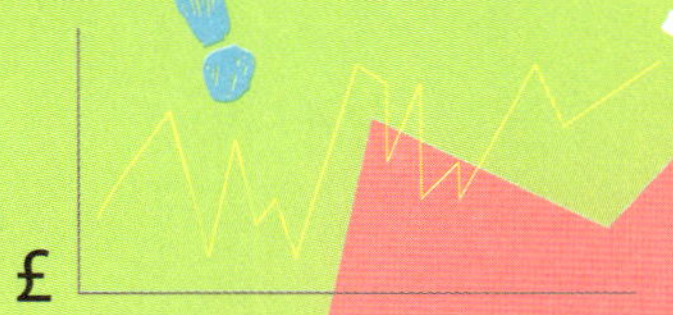

物理走进生活！

布朗运动是物理学的基础研究课题之一，它在很多领域造成了深远的影响。经济学家利用它来解释股票市场的波动；现代混沌理论试图理解看似随机的波动背后的过程，它也和布朗运动有着千丝万缕的联系。

词汇表

原子（Atom）：化学元素的最小组成单位。
重子（Baryon）：由三个夸克组成的强子。
双星系统（Binary system）：中央有两颗恒星的星系。
能量守恒定律（Conservation of energy principle）：无论系统内部发生任何变化，系统的总能量始终保持不变。
衍射光栅（Diffraction grating）：刻有平行狭缝的玻璃板或金属片，能通过光的衍射和干涉形成光谱。
电磁波谱（Electromagnetic spectrum）：根据频率或波长排列的电磁辐射。
电子自旋（Electron spin）：电子（和其他基本粒子）的一种特性，它让电子成为一个旋转的带电球体。
熵（Entropy）：代表系统内无法用来做机械功的能量的多少，也可以用来表示系统的无序度。
频率（Frequency）：每秒通过固定点的波或循环的数量。
基本力（Fundamental forces）：能够作用于亚原子粒子的四种最基本的力，目前它们无法再简化成其他类型的力。四种基本力分别是引力、电磁力、强核力和弱核力。
基本粒子（Fundamental particle）：现有粒子物理学框架下无法进一步拆分的粒子。
胶子（Gluon）：一种能够传递强核力的无质量的粒子，它将夸克结合起来形成强子。
引力场强度或重力加速度（Gravitational field strength or g）：作用于每千克物质的引力大小。
引力透镜（Gravitational lensing）：物质（例如星系）像镜片一样扭曲光线、放大背面物体的现象。
重力势能（Gravitational potential energy）：因为物体在重力场中所处的位置（比如说离地面的高度）而储存在物体内部的能量。
引力子（Graviton）：传递引力的粒子，目前引力子仅存在于理论中，它仍等待着我们去发现。
强子（Hadrons）：一系列能被强核力影响的亚原子粒子，包括重子和介子。
入射光（Incident ray）：照射到某个表面上的光。
同位素（Isotopes）：同种元素的不同原子形式，它们的质子数相同，但中子数不同。
动能（Kinetic energy）：物体因运动而产生的能量。
轻子（Leptons）：不受强核力影响的亚原子粒子。
光年（Light year）：天文距离单位，相当于光在一年内行经的距离（约等于 9.5×10^{12} 千米）。
介子（Meson）：由一个夸克和一个反夸克组成的强子。
纳米科技（Nanotechnology）：操作纳米尺度物体的一个技术分支。
中微子（Neutrino）：一种质量极小且不带电的亚原子粒子，它很少跟正常物质产生互动。

核裂变（Nuclear fission）：重原子核分裂成较小原子核并释放出能量的核反应。

核聚变（Nuclear fusion）：轻原子核聚合成更重的原子核并释放出能量的核反应。

光电效应（Photoelectric effect）：光子击中一片金属导致电子释放的过程。

光子（Photon）：无质量的光（或者电磁波谱上的任何频段）微粒，它携带的能量和频率有关。

量子力学（Quantum mechanics）：描述亚原子粒子行为的物理学分支。

夸克（Quarks）：一组六种基本粒子，它们会组成更重的亚原子粒子。

放射性衰变（Radioactive decay）：原子核自发释放出 α 粒子、β 粒子或 γ 粒子的辐射过程。

稀土磁体（Rare earth magnets）：稀有元素形成的超强永磁体。

反射（Reflection）：光线照射到某个表面上或者经过不同物质接触面时发生的方向变化。

折射（Refraction）：波从某种介质进入另一种介质时因速度变化而发生的方向改变。

标量（Scalar）：只有大小没有方向的量，例如质量或速率。

标准模型（Standard Model）：解释基本粒子和力如何共同作用的理论模型。

静电（Static electricity）：积聚在绝缘材料上的静止的电荷，通常是摩擦产生的。

恒星风（Stellar wind）：恒星向外释放的连续不断的带电粒子流，就像风一样。

强核力（Strong force）：将原子核里的粒子和强子里的夸克束缚在一起的力。

热能或热量（Thermal energy or heat）：物体因内部原子的运动而拥有的内在能量。

热力学（Thermodynamics）：研究热和其他形式能量之间关系的物理学分支。

时间膨胀（Time dilation）：在静止的观察者眼中，物体越接近光速，它的时间就明显变得越慢。

矢量（Vector）：既有大小又有方向的量，例如速度或加速度。

波长（Wavelength）：相邻两个波峰之间的距离。

波粒二象性（Wave-particle duality）：同时表现出波和粒子的特性。

物理学是智力的终极冒险，也是理解宇宙最深谜团的史诗之旅。

——马克斯·泰格马克

作者 ｜ [英] 莎拉 • 赫顿 Sarah Hutton

供职于伦敦大学学院的物理与天文学系
致力于鼓励更多的小朋友们加入物理研究

绘者 ｜ [英] 达米恩 • 维西尔 Damien Weighill

阿迪达斯，福特和《卫报》的插画师

译者 ｜ 阳曦

毕业于北京航空航天大学
职业撰稿人、自由译者，专注科普及幻想文学翻译，《环球科学》《外滩画报》长期合作译者
代表译作：《薛定谔的猫》《宇宙的尺度》《赶往火星》

多的是你不知道的科学知识

嘭！物理学超有趣

产品经理｜何　娜　　特约印制｜路军飞
装帧设计｜陈　章　　技术编辑｜顾逸飞
产品统筹｜何　娜　　策 划 人｜吴　畏

图书在版编目（CIP）数据

嘭！物理学超有趣 /（英）莎拉·赫顿著 ;（英）达米恩·维西尔绘 ; 阳曦译. -- 昆明 : 云南美术出版社, 2018.10
ISBN 978-7-5489-3343-4

Ⅰ. ①嘭… Ⅱ. ①莎… ②达… ③阳… Ⅲ. ①物理学—普及读物 Ⅳ. ①04-49

中国版本图书馆CIP数据核字（2018）第215585号

著作权合同登记号 图字23-2018-010号

First published in the United Kingdom in 2017 by Portico,
an imprint of Pavilion Books Company Limited, 43 Great Ormond Street,
London, WC1N 3HZ

责任编辑：梁 媛 于重榕
装帧设计：陈 章
责任校对：杨 盛

嘭！物理学超有趣
［英］莎拉·赫顿 著；［英］达米恩·维西尔 绘；阳曦 译

出版发行：云南出版集团
云南美术出版社（昆明市环城西路609号）
制版印刷：北京尚唐印刷包装有限公司
开 本：787mm×1092mm 1/16
字 数：200千字
印 张：7.25
印 数：1-7,000
版 次：2018年12月第1版
印 次：2018年12月第1次印刷
书 号：ISBN 978-7-5489-3343-4
定 价：46.00元